essentials

Weitere Bände in dieser Reihe
http://www.springer.com/series/13088

Essentials liefern aktuelles Wissen in konzentrierter Form. Die Essenz dessen, worauf es als „State-of-the-Art" in der gegenwärtigen Fachdiskussion oder in der Praxis ankommt. Essentials informieren schnell, unkompliziert und verständlich

- als Einführung in ein aktuelles Thema aus Ihrem Fachgebiet
- als Einstieg in ein für Sie noch unbekanntes Themenfeld
- als Einblick, um zum Thema mitreden zu können.

Die Bücher in elektronischer und gedruckter Form bringen das Expertenwissen von Springer-Fachautoren kompakt zur Darstellung. Sie sind besonders für die Nutzung als eBook auf Tablet-PCs, eBook-Readern und Smartphones geeignet.

Essentials: Wissensbausteine aus Wirtschaft und Gesellschaft, Medizin, Psychologie und Gesundheitsberufen, Technik und Naturwissenschaften. Von renommierten Autoren der Verlagsmarken Springer Gabler, Springer VS, Springer Medizin, Springer Spektrum, Springer Vieweg und Springer Psychologie.

Jürgen Beetz

Funktionen für Höhlenmenschen und andere Anfänger

Koordinatensysteme zur Darstellung
von Abhängigkeiten in der Mathematik

 Springer Spektrum

Jürgen Beetz
Berlin
Deutschland

ISSN 2197-6708 ISSN 2197-6716 (electronic)
ISBN 978-3-658-06685-7 ISBN 978-3-658-06686-4 (eBook)
DOI 10.1007/978-3-658-06686-4

Die Deutsche Nationalbibliothek verzeichnet diese Publikation in der Deutschen National-
bibliografie; detaillierte bibliografische Daten sind im Internet über http://dnb.d-nb.de ab-
rufbar.

Springer Spektrum
© Springer Fachmedien Wiesbaden 2015

Springer Spektrum ist eine Marke von Springer DE. Springer DE ist Teil der Fachverlags-
gruppe Springer Science+Business Media
www.springer-spektrum.de

Was Sie in diesem Essential finden können

- Die Grundlagen der Darstellung von Abhängigkeiten („Funktionen") in einem Koordinatensystem
- Geometrische Figuren als Funktionen
- Die Darstellung von Zeitabhängigkeiten
- Beispiele für Funktionen (spez. die „Exponentialfunktion")
- Die Interpretation von Aussagen in Funktionsdiagrammen

Vorwort

Inhalt dieses „*essentials*" sind stark reduzierte Auszüge aus dem dritten bis fünften der insgesamt 13 Kapitel meines Buches „1 + 1 = 10. Mathematik für Höhlenmenschen" (Beetz 2012).[1] Weitere Kapitel des Buches beschäftigen sich mit Folgen und Reihen, Differential- und Integralrechnung, Statistik und Wahrscheinlichkeitsrechnung und Philosophie der Mathematik – mehr oder weniger Abiturssstoff und zusammen „das, was man über Mathematik wissen sollte" (zuzüglich vieler amüsanter Geschichten und sogar eines Ausblicks aus der Steinzeit in die moderne Informatik).

Mehr als die einfache Logik eines Frühmenschen brauchen Sie nicht, um die Grundzüge der Mathematik zu verstehen. Deswegen ist der Zusatz im Titel auch nicht diskriminierend gemeint. Denn Sie treffen in diesem Werk viele einfache, fast gefühlsmäßig zu erfassende mathematische Prinzipien des täglichen Lebens. Wir sind zwar „im Grund noch immer die alten Affen", wie es ein Dichter formulierte, aber unser Gehirn ist schon das eines *homo sapiens*.[2] Die Mathematik ist ja eine Wissenschaft des Geistes, nicht der Experimente und nicht der Technik. Man braucht nur ein Gehirn dazu, genauer: rationales Denken.

Deswegen kann ich bei dem Versuch, Mathematik „begreiflich" zu machen, in die Steinzeit zurückgehen – genauer gesagt: etwa in die Jungsteinzeit, zufällig 7986 v. Chr., also vor genau 10.000 Jahren. Jäger und Sammler waren zu Bauern und Viehzüchtern geworden. Dorfgemeinschaften, Rundhäuser und eine arbeitsteilige Gesellschaft existierten bereits. Dort treffen Sie Eddi Einstein (wie konnte ein Top-Mathematiker in der Jung*stein*zeit auch anders heißen!?), den Denker und Rudi Radlos, den Erfinder (die paradoxe Bedeutung dieses Namens rührt daher,

---

[1] Hierbei wurden die teilweise Unterkapitel des Originals zu Kapiteln hier und die Zwischenüberschriften zu Unterkapiteln.

[2] Gedicht von Erich Kästner (1899–1974): Die Entwicklung der Menschheit. Quelle: http://www.gedichte.vu/?die_entwicklung_der_menschheit.html.

dass er gerade das Rad *nicht* erfunden hatte). Die „drei" galt damals bereits als eine magische Zahl – aber ich greife vor: Die „Zahl" als abstraktes Gebilde war auch noch nicht erfunden. Etwas Magisches also. Wie dem auch sei, ein *dritter* Geselle gehörte zu der Truppe: Siegfried „Siggi" Spökenkieker, der Druide und Seher.[3]

Siggis Rolle ist eine bedeutende: Man glaubte damals noch an Determinismus und Vorbestimmung – da traf es sich gut, dass der Seher mit der Gabe der Präkognition gesegnet war.[4] So können wir Eddi, den Denker, mit Erkenntnissen ausstatten, die erst Jahrtausende später von bedeutenden Philosophen und Mathematikern erlangt worden waren.

Die wahre Meisterin dieser Wissenschaftsdisziplin ist jedoch Wilhelmine Wicca, meist „Willa" genannt. Sie ist die erste Mathematikerin der Geschichte und würde es auch lange bleiben.[5] Zu Unrecht, wie man weiß, benutzt eine Frau doch nicht nur eine, sondern *beide* Gehirnhälften. Und da durch diese Verbindung nach den Regeln der Systemtheorie ein neues Gesamtsystem entsteht („Das Ganze ist mehr als die Summe seiner Teile"), ist es nicht verwunderlich, dass Willa so klug war wie die drei Kerle *zusammen*. Deshalb galt sie auch als Hexe[6] – was damals ein Ehrentitel war – und als weise Frau.

Wir werden die Gedankengänge und Erfahrungen unserer Vorfahren hier verfolgen und nachvollziehen. Ich werde schwierige Gedanken nicht nur in einfache

---

[3] Als Spökenkieker werden im westfälischen und im niederdeutschen Sprachraum, speziell im Emsland, Münsterland und in Dithmarschen, Menschen mit „zweitem Gesicht" bezeichnet. Der Begriff Spökenkieker kann dabei in etwa mit „Spuk-Gucker" oder „Geister-Seher" übersetzt werden. Spökenkiekern wird die Fähigkeit nachgesagt, in die Zukunft blicken zu können. Quelle: http://de.wikipedia.org/wiki/Spökenkieker.

[4] Determinismus (lat. *determinare* „abgrenzen", „bestimmen") bezeichnet die Auffassung, dass zukünftige Ereignisse durch Vorbedingungen eindeutig festgelegt sind. Quelle: http://de.wikipedia.org/wiki/Determinismus. Präkognition (lateinisch: vor der Erkenntnis) ist die Bezeichnung für die angebliche Vorhersage eines Ereignisses oder Sachverhaltes aus der Zukunft, ohne dass hierfür rationales Wissen zum Zeitpunkt der Voraussicht zur Verfügung gestanden hätte. Quelle: http://de.wikipedia.org/wiki/Präkognition.

[5] Als erste Mathematikerin überhaupt gilt Hypatia von Alexandria (ca. 355–415), die ein grausiges Ende fand (Quelle: http://de.wikipedia.org/wiki/Hypatia). Die erste Mathematik*professorin*, die russische Mathematikerin Sofja Kowalewskaja (1850–1891), betrat erst 1889 in Stockholm die akademische Bühne. Quelle: http://de.wikipedia.org/wiki/Sofja_Kowalewskaja.

[6] „Wicca" ist eine neureligiöse Bewegung und versteht sich als eine wiederbelebte Natur- und als Mysterienreligion. Wicca hat seinen Ursprung in der ersten Hälfte des 20. Jahrhunderts und ist eine Glaubensrichtung des Neuheidentums. Die meisten der unterschiedlichen Wicca-Richtungen sind […] anti-patriarchalisch. Wicca versteht sich auch als die „Religion der Hexen", die meisten Anhänger bezeichnen sich selbst als Hexen. Quelle: http://de.wikipedia.org/wiki/Wicca.

Worte kleiden, sondern sie in kleine verdaubare Häppchen zerlegen. Ein komplifiziertes Problem bleibt nämlich kompliziert, auch wenn man es einfach nur umgangssprachlich ausdrückt. Erst die Verringerung des Schwierigkeitsgrades durch Zerlegung in einzelne Teilprobleme schafft Klarheit – ein Vorgehen, das seit jeher zum Prinzip der Naturwissenschaft gehört.

Mathematik ist eine exakte Wissenschaft – mit kleinen „Löchern", die wir noch thematisieren werden. Sie zeichnet sich auch durch eine präzise Schreibweise aus und verschiedene typographische Regeln, die beachtet werden sollten. Aber an diesem Konjunktiv merken Sie schon: *so* ernst wollen wir das hier nicht nehmen. So werden hier manchmal mathematische Größen (wie es in Fachbüchern üblich ist) klein oder groß oder kursiv oder steil geschrieben, manchmal aber auch nicht. Da Sie ja mitdenken, wird Sie das nicht verwirren. Und die kursive Schreibweise verwenden wir auch (wie Sie zwei Sätze weiter oben sehen), um etwas zu betonen und hervorzuheben.

Mathematik ist nicht die merkwürdige Spielwiese lebensfremder Streber mit ungepflegtem Äußeren, sondern sie durchzieht unseren Alltag und ist mit den zentralen Fragen unseres Lebens verbunden: Was hängt wie zusammen? Welche Gesetze bestimmen das Dasein des Menschen und der Natur? Welche Strukturen gibt es und wie kann der menschliche Geist sie in Erkenntnisse umformen? Wie ziehen wir aus unseren Wahrnehmungen angemessene und logische Schlüsse? Von Anfang an war Mathematik deshalb mit der Philosophie verbunden. Deswegen schrieb schon der große Philosoph Platon um 370 v. Chr.: „Und nun, sprach ich, begreife ich auch, nachdem die Kenntnis des Rechnens so beschrieben ist, wie herrlich sie ist und uns vielfältig nützlich zu dem, was wir wollen, wenn einer sie des Wissens wegen betreibt und nicht etwa des Handelns wegen".[7] Allerdings kann ich dem nicht ganz zustimmen – am Ende fehlt ein „nur": „... *nur* des Handelns wegen". Denn Sie werden sehen, wie viele mathematische Erkenntnisse auch im Alltag praktische Auswirkungen haben.

Naturwissenschaftliche Kenntnisse gehören nicht zur Bildung, das meinen viele. Nein, finde ich, sie sind immens wichtig zum Verständnis der Kultur – die Wendung vom erdzentrierten Weltbild des Mittelalters (und der Kirche) zur modernen kopernikanischen Erkenntnis der Neuzeit, wonach die Sonne im Mittelpunkt unseres Planetensystems steht, hat unser gesamtes Denken und unsere Kultur beeinflusst. Naturwissenschaft und Mathematik prägen unser gesamtes Weltbild, zum Leidwesen vieler Dogmatiker, die im Mittelalter stehen geblieben sind. Aber ich möchte nicht polemisieren, ich möchte *begreiflich* machen. Denn besonders die

---

[7] Platons Höhlengleichnis. Das Siebte Buch der Politeia, Abschn. 107. c) Nutzen der Rechenkunst zur Bildung der philosophischen Seele.

Mathematik fristet im Bewusstsein der Menschen ein Schattendasein und beeinflusst doch direkt oder indirekt einen großen Teil unseres modernen Lebens – nicht zuletzt durch ihre „Mechanisierung", den Computer. Was nicht ganz stimmt, zugegeben – denn er kann „nur rechnen" Mathematik aber ist kristallines Denken, Scharfsinn in Reinkultur.

Wir wollen gemeinsam versuchen, diesen inneren Widerspruch aufzulösen: In einer von Wissenschaft und Technik geprägten Welt weigern sich viele Menschen, ihre mathematischen Grundlagen zur Kenntnis zu nehmen. Denn mit Zahlen, Formeln, Figuren und Kurven kann man seltsamerweise auch in der „Wissensgesellschaft" unserer Zeit nicht nur Kindern einen Schrecken einjagen. Aber die Naturwissenschaften haben unser Dasein erobert und gestaltet, deswegen wollen wir uns nun mit ihren geistigen Grundlagen beschäftigen.

Gehen wir nun in die Steinzeit zurück und lernen wir etwas über die Gegenwart! „Mathematik" bedeutet ja – dem altgriechischen Ursprung des Wortes folgend – die „Kunst des Lernens". Damit Sie das nicht als Mühe empfunden, habe ich es in unterhaltsame Geschichten verpackt. Also machen wir uns auf die Reise ins Neolithikum – Met, Mammut und Mathe *all-inclusive*.

Jürgen Beetz, September 2014 (10.000 Jahre nach diesen Geschichten)
Besuchen Sie mich auf meinem Blog http://beetzblog.blogspot.de

Inhaltsverzeichnis

Einleitung 1

Eddi Einstein, der Mathematiker mit Migrationshintergrund (was aber niemanden kümmerte) war erst vor kurzem in die Dorfgemeinschaft des Stammes aufgenommen worden. Er hatte sich sofort nützlich gemacht und mit seinem neuen Freund Rudi Radlos, dem Erfinder und Geometer, neue geistige Konzepte entwickelt.

Mathematik – natürlich von der einfachsten Art – war schon in der Steinzeit wichtig. Zum Beispiel zählen zu können: Wenn drei Säbelzahntiger in einer Höhle verschwanden und nur zwei wieder heraus kamen, sollte man bei der Wohnungssuche vorsichtig sein. Aber Eddi, der Held dieser Geschichten, war noch weiter gegangen. Er hatte über Zahlen im Allgemeinen nachgedacht und sie in verschiedene Klassen eingeteilt:

- die „natürlichen Zahlen" 1, 2, 3, …
- die „ganzen Zahlen" …, $-3, -2, -1, 0, 1, 2, 3,$ …
- die „irrationalen Zahlen" wie manche Wurzeln
- die „reellen Zahlen" als Gesamtmenge aller oben angegebenen Klassen.

Er hatte auch ein praktisches Zahlensystem erfunden, für das man nur 10 Ziffern benötigte, aber *alle* der unendlich vielen Zahlen aufschreiben konnte. Man erkennt es schon an der „10" des vorstehenden Satzes (für die die alten Römer ein eigenes Zeichen hatten, das „X"). Reichen die Ziffern 0, 1, 2, …, 9 nicht mehr aus, dann nimmt man einfach eine weitere Position hinzu: die „Zehnerstelle". So kann man beliebig große Zahlen schreiben, z. B. $253 = 2 \cdot 100 + 5 \cdot 10 + 3 \cdot 1$. Oder beliebig kleine: $0,253 = 2 \cdot 0,1 + 5 \cdot 0,01 + 3 \cdot 0,001$. Oder jeden beliebigen Mix.

Mit Hilfe eines Tricks konnte Eddi auch *sehr* große Zahlen (besonders, wenn es auf die Ziffern nicht so genau ankommt) schreiben. Statt 1.000.000 schreibt

© Springer Fachmedien Wiesbaden 2015
J. Beetz, *Funktionen für Höhlenmenschen und andere Anfänger*, essentials,
DOI 10.1007/978-3-658-06686-4_1

man einfach die Zahl der Nullen als „Hochzahl" hinter die „10". Die Million wird damit zu 10^6, die Milliarde zu 10^9. Das ist die „Potenzschreibweise" oder „Exponentialdarstellung". Sie funktioniert auch mit 10^2 (100), 10^1 (10) und 10^0 (1). Was mit negativen oder „krummen" Hochzahlen passiert, das kann man an anderer Stelle nachlesen (Beetz 2012, 2014). Auch die Umkehrung des Potenzierens, die sog. Logarithmen sind eine spannende Angelegenheit und dort ebenso erklärt wie die Behandlung einfacher Gleichungen mit einer unbekannten Größe x. Liest man „$3x = 15$", ist die Größe von x leicht mit $x = 5$ zu bestimmen. Liest man „$3x = y$" und es gibt keine zweite Gleichung für einen bestimmten Wert von y, dann haben wir eine neue Situation. Die zweite „Unbekannte" y ist nun eine Größe, die von x abhängig ist (in diesem Fall ist y immer das Dreifache von x). Um das hervorzuheben, schreibt man das y zuerst: $y = 3x$ – und genau diesen Zusammenhang nennt man „Funktion". Man sagt „y ist eine Funktion von x", und das kann natürlich auch komplizierter werden, z. B. $y = x^2 - 7x + 3$.

Beschäftigen wir uns also mit „Funktionen" – ein Begriff, der in der Mathematik eine von der Alltagssprache abweichende Bedeutung hat. Sie dienen zur Beschreibung von Abhängigkeiten zwischen zwei Größen (z. B. Weg und Geschwindigkeit oder Körpergröße und Lebensalter) und ihrer grafischen Darstellung in einem „Koordinatensystem".

Die Beschreibung der Lage von Punkten auf einer Geraden, in einer Ebene oder im Raum durch eine, zwei oder drei Zahlen ist eine wichtige Innovation. Diese „Koordinaten", wie man die Achsen nennt, sind inzwischen fast unmerklich in unser Leben gewandert. Die Lage eines Feldes auf einem Schachbrett, der Standort auf einer Wanderkarte oder die Entwicklung eines Börsenkurses werden in einem zweidimensionalen Koordinatensystem beschrieben.

Die erste bekannte Verwendung der Worte „Abszisse" und „Ordinate" findet sich in einem Brief des deutschen Universalgelehrten Gottfried Wilhelm Leibniz an den Sekretär der *Royal Society* in London, Henry Oldenburg, vom 27. August 1676. Das sind die gelehrten Ausdrücke für die beiden Achsen des Koordinatensystems in horizontaler und vertikaler Richtung (in dieser Reihenfolge). Das kartesische Koordinatensystem trägt seinen Namen zur Ehre des französischen Mathematikers René Descartes, der sich vornehm (lateinisch, wie es damals üblich war) auch *Cartesius* nannte.

Auch unsere Steinzeit-Wissenschaftler entdeckten diese Zusammenhänge. Seit dieser (erdgeschichtlich winzigen) Zeit ist ja nicht nur unser Wissen, sondern auch die Größe der Menschheit selbst „explodiert". Ein „exponentielles Wachstum" – und das wird uns hier bald begegnen.

Kartesische Koordinaten 2

Eddi Einstein hatte mit seinem Freund das Bild der Zahlengeraden mit allen Reellen Zahlen ja bereits früher in den Sand gezeichnet (Abb. 2.1).

„Ich habe eine Idee", sagte Eddi wenig später zu Rudi. Der wehrte ab: „Verschone mich! Wieder so ein theoretisches Zeug... eine neue Art von Zahlen oder so." „Nein, ich möchte auf die Zahlengerade im Nullpunkt eine senkrechte Linie mit einer zweiten Zahlengeraden errichten. So kann ich Punkte in einer Ebene bestimmen." „Sag' ich doch: theoretisches Zeug! Verschone mich!" Und Rudi ging seiner Wege.

Nun muss man wissenschaftliche Erkenntnisse manchmal auch gegen den Widerstand der Uninteressierten durchsetzen. Eddi brauchte einen Verbündeten. Siggi. Er sollte ihm sagen, ob seine Vorstellung Zukunft hätte.

Eddi fand Siggi auf einer Lichtung, wo er auf einem Bein im Kreise tanzte und jaulend „Ei jei-jei-jei" sang. Verwundert erkundigte er sich, ob jener sich etwas in den Fuß getreten habe. Die Antwort beruhigte und erstaunte ihn zugleich: Siggi verriet ihm, er habe sich in Trance versetzt und in die Zukunft geschaut, in eine ferne Zukunft, die er – Eddi – sich kaum vorstellen könne. Er habe schon gewusst, dass er kommen würde und Hilfe bräuchte. Man nenne es „kartesische Koordinaten", verriet ihm Siggi. „Was ist *das* denn?", wollte Eddi wissen. „Das muss ich noch erahnen", antwortete Siggi, „doch deine Idee mit der senkrechten Achse macht Sinn." Abwesend fügte er hinzu: „Aber *du* bist ja der Denker – mach' was draus! Was du in den Sand gezeichnet hast, war ja absolut korrekt."

© Springer Fachmedien Wiesbaden 2015
J. Beetz, *Funktionen für Höhlenmenschen und andere Anfänger,* essentials,
DOI 10.1007/978-3-658-06686-4_2

Abb. 2.1 Die Zahlengerade zeigt alle Reellen Zahlen

Abb. 2.2 Kartesische Koordinaten stellen Abhängigkeiten zwischen x und y dar

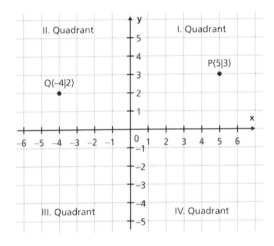

Verwirrt blickte Eddi ihn an. *Was konnte er wissen – Seher hin oder her?*[1], fragte er sich. Er konnte doch nicht gesehen haben, wie er die beiden Linien in den Sand gezeichnet hatte (Abb. 2.2) – oder doch?!

Nun konnte man in dieser Ebene nicht nur alle Punkte markieren (wie oben P mit x = 5 und y = 3), sondern ganze Punkthaufen, durch die man eine Linie ziehen konnte.

Das Koordinatensystem mit seinen Möglichkeiten wurde schnell beliebt. Striche an zwei Achsen zu machen und Punkte an ihren Schnittlinien zu markieren, das konnte jeder. Die meisten beschränkten sich auf positive Werte, also den ersten Quadranten. Einer hielt die wöchentliche Entwicklung seiner Kinder in Wachstumskurven fest, ein anderer (der Astronom) die Höhe der Sonne abhängig von

---

[1] Siggi kannte den Philosophen, Mathematiker und Naturwissenschaftler René Descartes (latinisiert *Renatus Cartesius*; 1596–1650), dem die Erfindung des Kartesischen Koordinatensystems zugeschrieben wird (Quelle: http://de.wikipedia.org/wiki/Descartes und http://de.wikipedia.org/wiki/Kartesisches_Koordinatensystem).

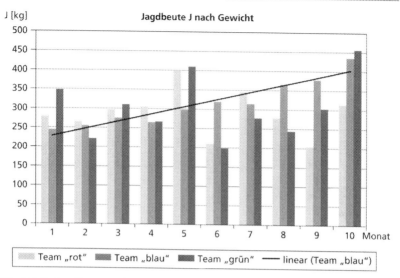

Abb. 2.3 Balkendiagramm der Jagdbeute abhängig vom Monat

der Tageszeit. Der Nahrungsverwalter behielt eine Übersicht über die Entwicklung seiner Vorräte, viel anschaulicher als in seinen Zahlentabellen. Die Viehbesitzer zeichneten die Entwicklung ihrer Herde abhängig von der Jahreszeit auf.

Natürlich konkurrierten Männer schon damals. Jagen diente nicht nur der Nahrungsversorgung, es war auch ein sportlicher Wettkampf. Die drei Jagdgruppen wetteiferten um den Titel „Team des Monats" – und um es einfach zu machen, wurde einfach das Gesamtgewicht der Beute anstelle der Stückzahl erfasst. Schließlich ist ein erlegtes Mammut etwas anderes als ein getöteter Hase.

So hing bald am Höhleneingang, sorgfältig gegen die Witterung geschützt, ein Diagramm, das die Jagdbeute der drei Teams „rot", „blau" und „grün" abhängig vom Monat zeigte (Abb. 2.3). Der Stammeshäuptling hatte die Zahlen geliefert, Eddi das Diagramm angefertigt.

Die Verwendung des Koordinatensystems erlaubt jedoch noch eine völlig andere Interpretation. Bisher haben wir nur einfache Punktehaufen in der x|y-Ebene betrachtet, ob als Balken, Punkte oder Linien dargestellt. Aber weitgehend zusammenhanglos, eine Abhängigkeit des y-Wertes vom x-Wert in der Form einer Regel ist nicht zu erkennen. Es wäre doch schön, wenn die kontinuierliche Leistungssteigerung des Teams „blau" über die Monate zu einer Rechenformel führen könnte: Jagdleistung $y_{blau} = a + b \cdot x$, wobei x der Monat ist. Eine Gerade, wie man sieht.

Über die zwei Konstanten a und b kann man sich dann ja immer noch Gedanken machen. Die lineare Trendlinie ließ sich ja bequem nach Augenmaß einzeichnen, wie man sehen konnte.

Der Anführer der Jagdgemeinschaften hatte auf natürliche Weise die Zeit (in diesem Fall den Monat) als waagerechte Achse seines Diagramms gewählt. Die x-Achse wird häufig als Zeitachse verwendet und dann oft mit dem Buchstaben t (lateinisch *tempus* = Zeit) gekennzeichnet.

2.1 Das Herz des Koordinatensystems: die „Funktion"

Jetzt bleiben wir mal in der Gegenwart und führen uns das Prinzip der Funktion noch einmal vor Augen. Eine Funktion ist eigentlich eine Beziehung zwischen zwei Mengen, die jedem Element der einen Menge genau ein Element der anderen Menge zuordnet. Das hört sich sperrig an, wird aber sofort klar: Die „Elemente der einen Menge" sind Werte auf der x-Achse, auch „Funktionsargument" oder „unabhängige Variable" genannt, die wir frei bestimmen können. Der „Funktionswert" oder die „abhängige Variable" ist der zugehörige y-Wert, der durch die Funktion bestimmt wird. Im modernen Sprachgebrauch kann man sagen: Eine Funktion ist eine *black box*. Ein Wert x fließt hinein, wird verarbeitet und kommt verändert als y wieder heraus. Eine Abbildungsvorschrift, ein Transformationsapparat, eine Wurstmaschine. Kennt man die Transformationsregel der Beziehung zwischen den zwei Mengen x und y (was meist der Fall ist), dann wird die Funktion eine *white box*. Der mentalen Hygiene halber sollte man auch den Unterschied zwischen einer Funktion an sich und dem Wert der Funktion an einer bestimmten Stelle auseinander halten.

Die Funktion ist… na, klar: eine Gleichung (erst einmal ins Unreine gesprochen). Beginnen wir mit dem einfachsten Beispiel: $y = x$. „Langweilig!", werden Sie sagen. Zu jedem x-Wert, den ich aus der Menge der reellen Zahlen frei aussuchen kann (ob 0, 1, -17, 365 oder π), ergibt sich der Funktionswert, der in diesem Fall exakt gleich groß ist. Die entsprechende „Kurve" im Koordinatensystem ist – das werden Sie schon messerscharf geschlossen haben – eine Gerade, eine 45°-Linie, wenn die Maßstäbe auf der x- und y-Achse gleich sind. Denn eine „Kurve" ist für Mathematiker nicht etwa eine Straßenkrümmung, sondern ein Funktionsverlauf in einem Koordinatensystem (und sie ist selbst dann eine, wenn sie schnurgerade ist!).

Funktionen haben oft (aber nicht notwendigerweise) Namen, z. B. allgemeine wie „f" oder „g" oder (aussagekräftige) wie „sin" oder „exp" (zu ihrer Bedeutung kommen wir noch). Man definiert sie, indem man eine explizite Zuweisung macht,

z. B. durch eine Gleichung wie $f(x)=x$ oder $g(x)=x^2$. Hier ist also „f" der Name
der Funktion (allgemein, nur um sie von einer anderen zu unterscheiden), „x" das
„Argument" (der *input*) und „f(x)" der dem Argument zugeordnete Wert (also der
output), den man als y-Wert in einem Koordinatensystem x|y zeichnen kann. In-
sofern ist eine Funktion nicht eine bloße Gleichung, sondern eine Regel, die man
durch eine Gleichung definieren kann.

Nehmen wir eine Funktion $y=f(x)$. So ist oft die allgemeine Schreibweise,
wenn man die Art der Abhängigkeit noch nicht festgelegt hat („*black box*"), sondern nur die Variablen benennen und dem Ausgang bzw. Eingang zuordnen will.
Man spricht das als „y gleich f von x". Manchmal findet man auch eine „Kurz-
form", nämlich $y(x)$ – damit sind abhängige und unabhängige Variable benannt.
Denn Sie erinnern sich ja: Für bestimmte Variablen hat sich in der Mathematik
und besonders in der Physik eine bestimmte Bezeichnung eingebürgert, etwa s für
einen Weg oder t für die Zeit. Also schreibt man $s=f(t)$ und sagt: „Der Weg ist eine
Funktion der Zeit" oder „s gleich f von t". *Welche* Funktion, das ist noch offen. Die
Klammern haben hier also eine andere Bedeutung als in Ausdrücken wie $(a+b)^2$.
Nun sind Ihrer Phantasie keine Grenzen gesetzt. Schauen wir uns die einfachsten
Funktionen im Diagramm an: $y=x$, $y=x^2$, $y=1/x$. Wir betrachten sie im Bereich
von $x=-3$ bis $x=+3$ (Abb. 2.4).

Die Gerade $y=x$ ist (wegen der unterschiedlichen Achsenmaßstäbe) keine
45°-Linie, sondern flacher. Die Parabel $y=x^2$ ist zur y-Achse symmetrisch, was ja
nicht anders zu erwarten war: $-x \cdot -x = +x$. Sie wächst für $x \to \pm\infty$ natürlich
auch gegen Unendlich.

Die Hyperbel ist auf den ersten Blick harmlos: Sie wird für wachsende x immer
kleiner oder für schwindende x immer größer. Also für $x=5$ ist $y=0{,}2$ und $x=10$
ist $y=0{,}1$. Oder umgekehrt für $x=1$ ist $y=1$ und für $x=1/2$ ist $y=2$. Nichts deutet
auf die Katastrophe hin, die sich bei $x=0$ ereignet. Die Mathematik macht keine Sprünge – jedenfalls meistens nicht. Doch wenn sie welche macht, sind auch
sie logisch. Ein Beispiel ist die Hyperbel $y=1/x$. Geht ein positives x gegen null,
geht y gegen Unendlich und „springt" auf minus Unendlich, wenn x negativ wird.
Sie hat im Nullpunkt eine „Unstetigkeit", wie man sagt. Einen y-Wert, der nicht
definiert ist. Für $x=0$ ist $y=1/0$, was Sie ja als „verbotene" Operation kennen gelernt haben. Bei $x=0$ ist $y=-\infty$ bzw. $y=+\infty$, je nachdem, von welcher Seite Sie
kommen. Das hatten wir ja schon kurz erwähnt. Es ist wie der „blinde Fleck" im
Auge eines Menschen, nur erheblich kleiner. Unendlich klein, um genau zu sein.
Noch präziser: die Breite der Unstetigkeit ist 0. Die Hyperbel hat bei $x=1$ den
Wert $y=1$ und bei $x=-1$ den Wert $y=-1$. Innerhalb dieses schmalen Streifens
steigt ihr Absolutwert (ohne Berücksichtigung des Vorzeichens) rasant an, denn
$1/0{,}000.001 = 1/10^{-6} = 10^6$. Umgekehrt nähert sie sich außerhalb des schmalen Inter-

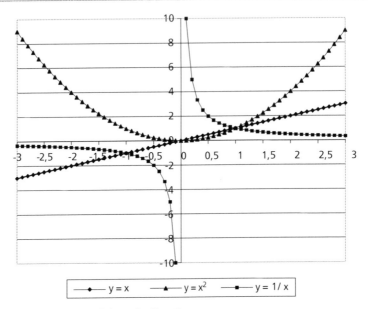

Abb. 2.4 „Bekannte" Funktionen im Koordinatensystem

valls $-1|+1$ schnell der Nulllinie. Willa würde sagen, die Parabel sei perfekt, die Hyperbel jedoch sei schön – denn Schönheit ist Perfektion und Symmetrie plus einem „Schönheitsfleck", einem ästhetischen Bruch.

Natürlich kann man auch geometrische Figuren im Koordinatensystem darstellen, denn nicht alle Kurven streben für $x \to \infty$ gegen 0 oder Unendlich. Manche wiederholen sich bis zum Ende aller Tage. Wir werden noch Funktionen kennen lernen, die genau dieses Verhalten zeigen. Man spricht dann von „Periodizität" oder periodischem Verlauf – Werte, die sich in regelmäßigen Abständen wiederholen. Denken Sie sich eine Welle, eine Schwingung, die nie abklingt (in der Physik, also der realen Welt, nicht möglich – in der Mathematik, also der abstrakten Welt, eine leichte Übung).

Auch der Kreis mit dem Radius r lässt sich im Koordinatensystem leicht darstellen, wie Sie sofort sehen – der gute alte „Pythagoras" hilft uns dabei. Denn $r^2 = x^2 + y^2$, und das lässt sich ja bequem nach y auflösen (Abb. 2.5). Natürlich ist y für $x > r$ nicht definiert – oder ist es Ihnen schon gelungen, die Wurzel aus einer negativen Zahl zu ziehen, also aus $(r^2 - x^2)$ für $x > r$?! Na, sehen Sie! Und seine perfekte Symmetrie erklärt sich mathematisch nicht nur aus der Tatsache, dass y für ein positives x denselben Wert wie für ein negatives x hat (wegen der Quadrierung,

Abb. 2.5 Der Kreis im
Koordinatensystem

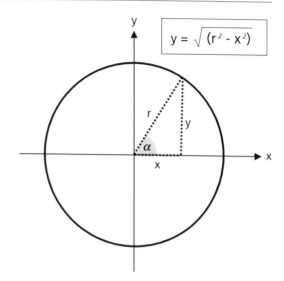

$$y = \sqrt{(r^2 - x^2)}$$

Symmetrie zur y-Achse). Es ergeben sich auch für jede Wurzel zwei Lösungen – daher stammt die Symmetrie zur x-Achse (denn z. B. ist mit $r = 1$ bei $x = \frac{1}{2}$ das $y = \pm\frac{1}{2} \cdot \sqrt{3}$).

Jetzt wird der Kreis gestaucht – Resultat: die Ellipse, eine spezielle geschlossene ovale Kurve. Wenn $x^2 + y^2 = 1$ die Gleichung des Kreises mit dem Radius 1 ist (der „Einheitskreis"), dann ist die Gleichung eines entlang der x-Achse um a und entlang der y-Achse um b gestauchten Kreises logischerweise $(x/a)^2 + (y/b)^2 = 1$.

2.2 Die Königin: die Exponentialfunktion

Eddi hatte inzwischen herausgefunden, dass es besser war, Siggi gleich nach den richtigen Fachbegriffen für seine Entdeckungen zu fragen, anstatt sich selbst den Kopf zu zerbrechen. Es war ja auch nicht sinnvoll, einen Begriff zu prägen, der sich in der Zukunft nicht durchsetzen würde. Außerdem festigte dies die Zusammenarbeit mit Siggi und damit die Akzeptanz seiner – für viele seiner Stammensgenossen manchmal ungewöhnlichen – Entdeckungen.

Deswegen beschäftigte er sich jetzt mit der „Exponentialfunktion" $y = $ irgendwas^x oder in mathematische Schreibweise $y = a^x$. Zum Beispiel $y = 2^x$ oder $y = 3^x$. Also eine fortlaufende Multiplikation der Basis a mit sich selbst – das Ganze x Mal, wie die kleine Zahl im sog. „Exponenten" angibt. Das sind echte Wumm!-

Funktionen (ein Begriff, den Sie in keinem Mathe-Buch finden), weil die y-Werte sehr schnell sehr groß werden. Wenn $a = 10$, dann machen wir Sprünge in Zehnerpotenzen. Die Basis a, das sei fast überflüssigerweise erwähnt, muss natürlich eine Bedingung erfüllen: $a > 0$. Oft wird auch $a \neq 1$ angegeben, denn die Exponentialfunktion mit $a = 1$ ist etwas langweilig, weil sie überall den Wert 1 hat. Für a können wir eine beliebige reelle Zahl nehmen, egal, wie krumm – sagen wir: 2,7182818. Wir kennen sie unter dem Namen „e", die „Eulersche Zahl". Vernachlässigen wir vorerst die Frage, wie wir denn z. B. $2{,}7182818^{1,5}$ (also $e^{1,5}$) mit vertretbarem Aufwand berechnen. Prinzipiell ist dieser Fall ja klar: $1{,}5 = 3/2$ und nach den bekannten Potenzgesetzen ist das die Quadratwurzel (d. h. $e^{1/2}$) aus e^3. Was die Rechnerei auch nicht einfacher macht – aber das haben andere schon für uns erledigt. Die „e-Funktion" ist keine Unbekannte und bereits nach allen Himmelsrichtungen untersucht

Interessant ist der Verlauf der „e-Funktion": Bei $x = 0$ ist sie 1 (alles hoch null ist ja 1), für negative x wird sie bei $x = -1$ zu $1/e$, bei $x = -2$ zu $1/e^2$ und bei $x = -3$ zu $1/e^3$. Sie nähert sie für negative x also auch sehr schnell der Nulllinie. Auf der anderen Seite der y-Achse wächst sie… „exponentiell", wie Sie zu Recht vermuten. Den Begriff hört man ja oft. Sie wird sehr schnell sehr groß. Bei $x = 5$ ist $y \approx 148$ und bei $x = 10$ ist $y \approx 22.000$. Hinter alle diese Geheimnisse der „Königin der Funktionen" war Eddi auch schon gekommen. Deswegen konnte er sie an der Höhlenwand mit einem neuen Kohlestift skizzieren (Abb. 2.6).

Rudi fand das auch elegant. Eine neue Art von „Wumm!-Kurve", sozusagen.

„Der Logarithmus beschäftigt mich noch", gestand Rudi seinem Freund, „denn es kann ja nicht sein, dass ausgerechnet und immer die 10 die Basis ist." Er malte zur Erinnerung noch einmal den Zusammenhang „$10^x = a \Rightarrow x = \log a$" in den Sand und fuhr fort: „Ich könnte doch genauso gut den Logarithmus zur Basis 2 oder 4711 oder π bilden." Eddi stimmte zu: „Wo du Recht hast, hast du Recht. Deswegen schreibt man die Basis manchmal tiefgestellt dran, zum Beispiel $\log_{10} a$ oder $\log_2 a$. Aber meist wird mit dem Zehnerlogarithmus gearbeitet und mit einem besonderen Spezi, dem du schon oft begegnet bist." „Und der wäre?" „Euler. Der so genannte „natürliche Logarithmus" zur Basis e, einer ausgesprochen krummen Zahl, wie du weißt." „Ja, geradezu irrational", sagte Rudi, „Lass uns die Funktionen doch einmal aufzeichnen!" (Abb. 2.7).

Dann diskutierten sie eine Weile darüber, aber das würde uns hier keine tieferen Erkenntnisse bringen. Der Logarithmus von 1, zu welcher Basis b auch immer, ist 0, denn b^0 ist 1. Es ist auch klar, dass kein Logarithmus, zu welcher Basis auch immer, im Punkt 0 definiert ist, denn es gibt kein x, für das 10^x oder e^x ein Ergebnis 0 liefern würde. Man kann sich herantasten: $10^{-6} = 0{,}000.001$, und dieses Millionstel

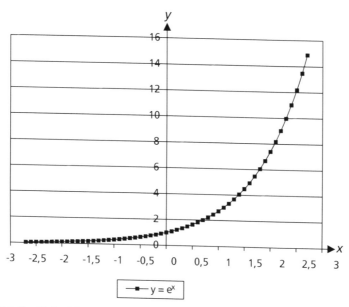

Abb. 2.6 Der Verlauf der „e-Funktion"

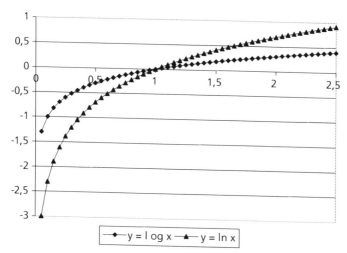

Abb. 2.7 Logarithmus zur Basis 10 und e (log und ln)

auf der x-Achse abgetragen liefert im Zehnerlogarithmus den y-Wert von -10. Aber nichts außer $10^{-\infty}$ ist 0.

Logarithmische Skalen treffen wir häufig an. Eine davon ist die „Richterskala", mit der die Energiefreisetzung von Erdbeben gemessen wird. Wenn also demnächst wieder ein AKW auf einer tektonischen Falte wackelt, dann wissen Sie: *Ein* Punkt mehr (z. B. von 6,0 auf 7,0) bedeutet eine Ver*zehn*fachung der Stärke und zwei Punkte die hundertfache Stärke. Das Lexikon sagt uns, dass die „äquivalente explosive Energie" W in Tonnen TNT mit der „Magnitude" M der Richterskala wie folgt zusammenhängt:

$$M = 2 + \frac{2}{3}\log_{10} E \text{ oder umgekehrt } E = 10^{\frac{3}{2}(M-2)}$$

Logarithmen bestimmen auch viele andere Aspekte des Lebens. Die Stärke eines Sinneseindrucks in Abhängigkeit von einer physikalischen Größe wie Helligkeit oder Lautstärke nimmt zum Beispiel entsprechend dem Verlauf einer Logarithmusfunktion zu, ebenfalls die wahrgenommene Tonhöhe in Abhängigkeit von der Frequenz eines Tones.

Wenn sich also Ihr Nachbar bei Ihnen über die laute Musik beschwert, dann antworten Sie ihm doch locker lächelnd: „Wieso? Es ist doch nur *ein* Bel mehr!" Die Veränderung von 60 auf 70 dB („dB" ist eine „Dezibel" und somit $^{1}/_{10}$ Bel) ist aber eine Verzehnfachung des Schalldrucks – und wehe, Ihr Nachbar kommt dahinter!

Jetzt lohnt es sich, einen Blick auf einen kleinen Kunstgriff zu werfen. Niemand verlangt ja, dass die Maßstäbe der x- und der y-Achsen identisch sind. Das haben Sie ja schon in vielen Abbildungen hier gesehen. Es waren beides jedoch immer *lineare* Skalen: Die Strecke zwischen x = 1 und x = 2 ist genau so groß wie die zwischen x = 11 und x = 12. Muss das so sein?

Diese Frage stellen heißt, sie verneinen. Warum stauchen wir nicht die Achsen mit Hilfe des Logarithmus?! Besonders gerne macht man das mit der y-Achse: Sie bekommt einen „logarithmischen Maßstab". Das macht Sinn, wenn der Wertebereich der dargestellten Daten viele Größenordnungen umfasst. Aber es „verfälscht" auch die dargestellten Kurven, wie Sie gleich sehen werden (Abb. 2.8). In der „guten alten Zeit", als man Kurven noch mit der Hand auf Millimeterpapier zeichnete, verwendete man hierfür „Logarithmenpapier".

Wer hätte das gedacht? Die optisch so eindrucksvollen Wumm!-Kurven aus Abb. 2.6 mutieren in Abb. 2.8 zu einfachen Geraden, die optisch ihre Bedeutung gut verstecken können. Das freut die „Zukunftsforscher": Man nimmt ein Lineal,

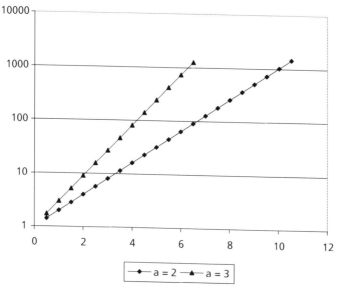

Abb. 2.8 Exponentialfunktion $y = a^x$ mit $a = 2$ und $a = 3$ mit logarithmischer y-Achse

verlängert die Gerade bis ins Jahr 20xx und fertig ist die Prognose.[2] Darauf werden wir in Kap. 4 noch zurückkommen.

2.3 Kurven und ihre Aussagen

Eine Kurve ist für Mathematiker also eine „Funktion" $y = f(x)$, genauer gesagt der Graph einer Funktion. Oft will man wissen: Für welches x ist $y = 0$? Wo also schneidet die Kurve des Funktionsverlaufs die x-Achse? Das ist eine so offenkundige Frage, dass sie sich auch den Steinzeit-Mathematikern sofort stellte.

„Die Gleichung $x^2 = a$ haben wir ja schon gelöst", sagte Rudi, „der Schnittpunkt der Parabel mit der x-Achse. Oder anders herum: die Gleichung. $x^2 - a = 0$ Natürlich für anständige a, die größer als Null sind, sonst versuchen wir ja, die Wurzel aus einer negativen Zahl zu ziehen… was nicht geht. Aber was ist, wenn noch ein lineares Glied hinzukommt, sagen wir $x^2 + bx + a = 0$?" Eddi wusste Rat: „Dann verallgemeinern wir die Gleichung doch gleich so, dass wir drei beliebige Größen

---

[2] Freunde des bissigen Kabaretts sehen hierzu Volker Pispers: Orakel (http://www.youtube.com/watch?v=-x_KIJGk1|M).

darin unterbringen können. Sagen wir: a, b und c, von links nach rechts, mit jeweils beliebigen Vorzeichen und Zahlenwerten. Also $y = ax^2 + bx + c = 0$. Übrigens…" Eddi senkte die Stimme zu einem vertraulichen Flüstern: „Siggi hat das „ein Polynom zweiten Grades" genannt." „Ist ja toll!", kommentierte Rudi völlig unbeeindruckt, „Hat er dir auch gleich die Lösung dazu verraten?" „Ja", sagte Eddi, „und noch einen Fachausdruck dazu: die „Diskriminante"." „Ach herrje! Er war wohl wieder in der Zukunft und hat sich dort schlau gemacht. Was ist *das* nun wieder?" „Der Ausdruck „$b^2 - 4ac$". Das Wort soll in der Römersprache „unterscheiden" heißen. Man unterscheidet damit verschiedene Fälle. Ist der Ausdruck größer als null, dann gibt es zwei verschiedene reelle Nullstellen x_1 und x_2. Zum Beispiel im Fall $2x^2 + 5x + 3 = 0$, denn $b^2 - 4ac = 25 - 4 \cdot 2 \cdot 3$." „Gerade so eben an der Null vorbei geschafft", stellte Rudi fest, „Aber was ist, wenn der Ausdruck exakt null ist? Wie im Fall $2x^2 + 4x + 2 = 0$." „Dann steht die Parabel wie ein Tonkrug auf der x-Achse und berührt sie in einem einzigen Punkt. Die Lösungen x_1 und x_2 fallen zusammen zu einem einzigen x." Rudi hatte das Wort schnell gelernt: „Und wenn die Diskriminante negativ ist? Zum Beispiel bei $x^2 + 4x + 2\pi = 0$ ist $b^2 - 4ac = 16 - 4 \cdot 1 \cdot 2 \cdot 3,1415$. Das ist etwa minus neun… Denn die Werte a, b und c müssen ja nicht ganzzahlig sein." „Dann gibt es *keine* Lösung", sagte Eddi kategorisch.[3] „Das sollten wir einmal aufmalen!", entschied Rudi (Abb. 2.9). „Mit x zwischen $-2,8$ und $+0,3$ könnten wir schöne Parabeln bekommen. Nennen wir die „Diskriminante" einfach D, das ist schneller zu schreiben."

„Ist ja nicht *sehr* deutlich zu sehen", meckerte Eddi. Rudi wusste, wer das zu verantworten hatte: „Wenn *du* mit deiner ersten Diskriminante nicht so knapp an der Null vorbei geschrappt wärest, wäre es deutlicher. Aber dicht daneben ist auch vorbei. Doch ich finde das nicht schlecht: Man sieht, welchen Einfluss der Ausdruck „$D = b^2 - 4ac$". auf die Kurve hat. Bei $D = 0$ steht die Parabel bei $x = -1$ auf der Achse. Und die negative Diskriminante $d < 0$ schafft es offensichtlich nicht bis zur Nulllinie herunter."

---

[3] Womit er Unrecht hatte – teilweise. Genauer: Es gibt keine *reelle* Lösung der quadratischen Gleichung. Wenn die „Komplexen Zahlen" vorgestellt werden, wird sich das Blatt wenden. Zur Formulierung „keine Lösung" noch eine Anmerkung: In der exakten Sprache der Mathematik bedeutet das, dass es ohne eine einzige Ausnahme wirklich *gar* keine (reelle) Lösung gibt – im Gegensatz zu umgangssprachlichen Sätzen wie „Ich habe kein Geld" (um dann doch noch einen Zehner in der Brieftasche zu entdecken).

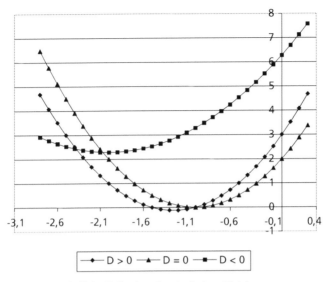

Abb. 2.9 Drei unterschiedliche Fälle einer Quadratischen Gleichung

2.4   Die Lösungen der Quadratischen Gleichung

„Im Eifer der Diskriminanten-Unterscheidung hätten wir beinahe etwas verges-
sen!", sagte Eddi. „Und zwar?" „Na, Mensch, die Lösung! Wo *liegt* denn nun exakt
dein Schnittpunkt? Irgendwo bei −1,5 und −1, das kann ich mühsam erkennen…
Aber ich will doch nicht immer Kurven malen, um das herauszufinden. Wie ist
denn nun die Lösungsformel?" Rudi hieb ihm in die Rippen: „Nun spiele doch
nicht den Dummen! Wie ich den Laden kenne, hat Siggi dir das doch auch ge-
steckt… Damit du hier auf den Putz hauen kannst." Resigniert zuckte Eddi mit
den Schultern. Rudi hatte sich nicht ins Bockshorn jagen lassen. Also malte er die
Formel für die beiden Lösungen in den Sand:

$$x_{1,2} = \frac{-b \pm \sqrt{b^2 - 4ac}}{2a}$$

„Uh!", sagte Rudi und verdrehte die Augen, „Das ist ja ein Formelmonster!" „Ja",
bestätigte Eddi, „das war die gute Nachricht. Die schlechte ist: Du musst sie aus-
wendig können! Wenn ich dich um Mitternacht wecke…" „*Niemand* weckt mich
um Mitternacht!", sagte Rudi drohend, und damit war das Thema erledigt.

Nicht für uns. Sie werden sich doch sicher dafür interessieren, wie man zu dieser „a-b-c-Formel" oder „Mitternachtsformel" kommt. Wir müssen mal wieder eine Gleichung so lange umgraben, bis der gesuchte Wert x auf einer Seite steht:

$ax^2 + bx + c = 0 \Rightarrow ax^2 + bx = -c$	Wir schaffen c auf die rechte Seite
$x^2 + bx/a = -c/a \Rightarrow x^2 + 2bx/2a = -c/a$	Wir dividieren durch a (a $\neq$ 0) und erweitern das lineare Glied mit 2
$x^2 + bx/a + (b/2a)^2 = (b/2a)^2 - c/a$	Wir addieren das quadratische Glied $(b/2a)^2$ auf beiden Seiten

Ein übler Trick, zugegeben. Aber Sie sehen sofort, wohin das führen soll. Der Künstler möchte die „Binomische Formel" anwenden: $(a+b)^2 = a^2 + 2ab + b^2$. Oder hätte ich besser andere Buchstaben nehmen sollen, um einer Verwechslungsgefahr mit denen im Polynom zu vermeiden, etwa $(p+q)^2 = p^2 + 2pq + q^2$? Auf jeden Fall nun können wir nun die linke und die rechte Seite geschickt umbauen und sehen schon die „Diskriminante" am Horizont erscheinen:

$x^2 + bx/a + (b/2a)^2 = (x + b/2a)^2$	Der Umbau der linken Seite durch die „Binomische Formel"
$(b/2a)^2 c/a = b^2/4a^2 - c \cdot 4a/4a^2$	Der Umbau der rechten Seite
$b^2/4a^2 - c \cdot 4a/4a^2 = (b^2 - 4ac)/4a^2$	Der nochmalige Umbau der rechten Seite
$(x + b/2a)^2 = b^2 - 4ac/4a^2$	Das ist die zu lösende Gleichung

Diese Gleichung aber lässt sich nun wirklich sofort lösen, denn sie sagt nur, dass das Quadrat einer Zahl – in diesem Falle (x + b/2a) – gleich einer anderen Zahl ist. Also ziehen wir aus der linken Seite $(x + b/2a)^2$ die Wurzel und setzen sie mit der Wurzel aus der rechten Seite gleich:

$x + \dfrac{b}{2a} = \pm\sqrt{\dfrac{b^2 - 4ac}{4a^2}}$	Jetzt lösen wir rechts den Nenner aus der Wurzel und schieben den „Störfaktor" von links nach rechts
$x_{1,2} = \dfrac{-b \pm \sqrt{b^2 - 4ac}}{2a}$	Fertig!

Spätestens hier sehen Sie, dass eine Diskriminante $D < 0$ (noch) nichts bringt, da der Ausdruck in der Wurzel negativ würde. (Noch) unlösbar!

Verifizieren wir noch kurz Rudis Vermutung über die Schnittpunkte mit der x-Achse, auch „Nullstellen" genannt: irgendwo bei $-1,5$ und -1, das konnte er mühsam erkennen... Die Funktion war $y(x) = 2x^2 + 5x + 3$, also ist $a = 2$, $b = 5$ und $c = 3$. Um die beiden x für $y(x) = 0$ zu finden, setzten wir diese Zahlen in die a-b-c-Formel ein. Die Diskriminante $D = b^2 - 4ac$ ergibt 1. Je größer dieser Wert ist, desto weiter liegen die Nullstellen auseinander (was hier gerade *nicht* der Fall ist). Dann errechnet sich $x_1 = (-5 + 1)/4 = -1$ und $x_2 = (-5 - 1)/4 = -1,5$. Da hatte Rudi ja ganz scharf hingesehen!

Wenn Sie das noch ein wenig verwirrt: Schreiben Sie es mit „ordentlichen" waagerechten Bruchstrichen auf einen Zettel, dann wird es noch deutlicher. Das Ergebnis ist in beiden Fällen die „Mitternachtsformel". Und wenn Sie immer noch zweifeln: nehmen Sie die Formel, quadrieren Sie beide Seiten und schieben Sie die Gleichung fröhlich herum. Wetten, dass Sie bei $ax^2 + bx + c = 0$ landen?! Was zu beweisen war – oder in der „Römersprache": *quod erat demonstrandum* (abgekürzt: q.e.d.).

Natürlich bleiben wir bei Gleichungen zweiter Ordnung nicht stehen. Es gibt auch Gleichungen dritten Grades oder „kubische" Gleichungen: $ax^3 + bx^2 + cx + d = 0$ bzw. die dazu gehörige Funktion (mit resultierendem Graphen) $y = f(x) = ax^3 + bx^2 + cx + d$. Korrekterweise ist sie nur für $a \neq 0$ eine echte kubische Gleichung – aber diese Pingeligkeiten kennen Sie ja schon. Sonst wird die kubische Gleichung ja zur quadratischen. Und so geht es weiter: Die Gleichung vierten Grades (auch biquadratische Gleichung, quartische Gleichung oder polynomiale Gl. 4. Grades) hat die Form $ax^4 + bx^3 + cx^2 + dx + e = 0$. Nun dürfen Sie raten, wie die Gleichung fünften Grades oder „Quintische Gleichung" aussieht...

2.5 Sinus & Co

„Wenn ich so an unseren Kreis im Koordinatensystem denke", sagte Eddi zu Rudi, „dann könnten wir doch den sin α als y definieren, weil die Hypotenuse ja der Radius der Länge 1 ist." (Abb. 2.5) „Ja, und?" „Jetzt könnten wir doch den Winkel α in eine Zahl umrechnen. Die Formel kennen wir ja schon, Winkel α als Zahl ist α in Grad mal $\pi/180$." „Gut, aber bei $90°$ oder $\pi/2$ ist Schluss mit α, weil dann das Dreieck schon zu einer Doppellinie entartet ist." Eddi ließ sich nicht beirren: „Wenn ich aber weiter gegen den Uhrzeiger drehe, bleibt y positiv und der Winkel klappt auf die andere Seite. Wenn ich weiter drehe, nimmt es so wieder ab, wie er im ersten Quadranten zugenommen hat. Und wenn bei der Drehung über $180°$ hinaus das y

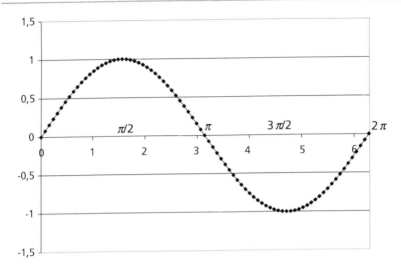

Abb. 2.10 Verlauf der Sinusfunktion zwischen 0 und 2π

negativ wird, erhalte ich einen negativen Wert, denn sin $(-\alpha)=-$ sin α. Das habe
ich mir schon überlegt." Rudi war erstaunt: „Dann kannst du also den vollen Kreis
durchdrehen, 360°, und einen sin x mit x von null bis 2π zeichnen?!" „Ja", sagte
Eddi und tat es sofort (Abb. 2.10).

„Und wie geht es dann nach 2π weiter?" „Es geht immer so weiter, jede weitere Drehung im Einheitskreis bringt weitere 2π auf der x-Achse hinzu. Bis in alle
Ewigkeit." Rudi war begeistert über die Schönheit dieser Kurve.

Der Sinus wird begleitet von einem Bruder, dem Kosinus. Während der Sinus
im rechtwinkligen Dreieck (siehe Abb. 2.5) als y/r definiert ist, ist der Kosinus cos
$\alpha=$ x/r (bzw. im Einheitskreis r = 1) cos $\alpha=$ x. Schieben Sie den Sinus in Abb. 2.10
einfach um $\pi/2$ nach links: Der Kosinus beginnt mit dem Scheitelwert 1 und fällt
dann schwungvoll und elegant ab, um bei x = $\pi/2$ die Nulllinie zu kreuzen. Weitere
sog. „trigonometrische Funktionen" sind der Tangens tan $\alpha=$ y/x und der Kotangens cot $\alpha=$ x/y. Ihre Kurvenverläufe sehen etwas exotischer aus.[4]

Schönheit ist ja *eine* Sache. Die andere aber ist die praktische Anwendung. Nun
sind der Sinus und alle anderen trigonometrischen Funktionen ja nichts, womit wir
im täglichen Leben zu tun hätten. Oder doch?

Ich muss Ihnen sagen: Der Sinus und seine Kollegen lauern an jeder Ecke. Sie,
meine Leser, werden von ihnen durchdrungen, ohne dass Sie es merken. Doch

---

[4] Näheres in Beetz 2012, S. 49 f. und https://de.wikipedia.org/wiki/Tangens und Kotangens.

Abb. 2.11 Beispiele für
Sinusschwingungen

Beispiel	Frequenz	Wellenlänge
Kammerton a	440 Hz	ca. 0,78 m
Wechselstrom	50 Hz	ca. 6000 km
Grünes Licht	ca. 605 THz	ca. 500 nm
UKW	30 MHz–300 MHz	ca. 10 m–1 m
TV Kanal ARD	z. B. Astra 1E 11,49 GHz	ca. 2,6 cm
Infrarotstrahlung	ca. 300 GHz–384 THz	ca. 1 mm–780 nm

manchmal hören Sie sie. Sie spüren sie sogar in bestimmten Fällen auf Ihrer Haut.
Wenn Sie abends zu Bett gehen, schalten Sie sie aus. Und wenn Sie die Augen
aufmachen, sehen Sie nur Sinusse (oder wie immer der Plural lautet). Denn alle
Schwingungen haben Sinusform, manchmal rein, manchmal als Gemisch. Der
Kammerton a ebenso wie der Wechselstrom in Ihrer Steckdose, Fernsehsignale
ebenso wie das Licht, das Ihre Netzhaut trifft.

Dabei wird die x-Achse zur Zeitachse. Die Periode 2π heißt Wellenlänge,
die in m gemessen wird, die Häufigkeit der Schwingungen pro Sekunde ist die
„Frequenz", wobei das Maß „Schwingungen pro Sekunde" zu Ehren eines großen Wissenschaftlers, des deutschen Physikers Heinrich Rudolf Hertz, in „Hertz"
(Hz) angegeben wird. Beispiele aus Ihrem Alltag? Aber gerne, schauen Sie sich
Abb. 2.11 an. Dabei ist zu beachten, dass die beiden Maßzahlen Frequenz und
Wellenlänge wegen ihrer oft extremen Wert die üblichen Abkürzungen tragen: „k"
für „kilo" = 1000, „M" für „Mega" = 1.000.000 = 10^6, „G" für „Giga" = eine Milliarde = 10^9, „T" für „Tera" = eine Billion = 10^{12} und auf der anderen Seite „m" für
„milli" = 1/1000, „μ" für „mikro" = 1/1.000.000 = 10^{-6}, „n" für „nano" = 1/1.000.00
0.000 = 10^{-9}. Übrigens besteht ein einfacher Zusammenhang zwischen Frequenz f
und Wellenlänge λ (der griechische Buchstabe *lambda*): $f \cdot \lambda = v$, wobei v die Aus-
breitungsgeschwindigkeit der Welle ist. Diese extrem ungemütlichen Werte rühren
bei den elektromagnetischen Wellen (Licht, Radio, Fernsehen, Mikrowelle usw.)
natürlich von der Lichtgeschwindigkeit von ca. 300.000 m/sec her.

Violett sehen Sie, wenn eine elektromagnetische Welle mit 380–420 nm Ihr
Auge trifft. „Ich sehe rot!" können Sie sagen, wenn die Wellenlänge 650–750 nm
beträgt. Bei längeren Wellen sehen Sie nichts mehr, aber Sie spüren es auf Ihrer
Haut: Ab 780 nm beginnt das „nahe Infrarot", und 1000 nm = 1 μm = $^1/_{1000}$ mm sind
schön warm zu spüren.

Natürliches Wachsen und Schrumpfen 3

„Funktionen" zeigen Zusammenhänge, haben wir gesagt. Der bekannteste Bewohner der x-Achse ist wohl die Zeit. Will sagen: Viele Menschen möchten gerne zeitliche Entwicklungen bestimmter Größen anschaulich darstellen, sei es die Entwicklung der Jagdbeute (wie in Abb. 2.3) oder der Temperaturverlauf beim Erhitzen von Wasser. Sie wählen also die Zeit t statt einer namenlosen Größe x für die Abszisse. Es sind möglicherweise zufällige Zusammenhänge (die Jagdbeute), oft aber auch natürliche Gesetzmäßigkeiten (der Temperaturverlauf). Von diesen „natürlichen" Verläufen stechen einige heraus, die besonderen mathematischen Gesetzen gehorchen.

„Schrumpfen" ist ein Wort, das langsam aus der Mode kommt. „Negativwachstum" nennen es Leute, die mit der Sprache schludrig umgehen oder sie bewusst zur Verschleierung von Tatbeständen nutzen („Euphemismus" genannt). Interessanterweise ist es mathematisch absolut korrekt: Schrumpfen ist nichts anderes als Wachsen mit einem negativen Vorzeichen.

3.1 Wumm! Ein exponentieller Verlauf als Zahlenbombe

Willa hatte sie dazu verdonnert, jeden Tag einige Stunden in schnellem Tempo spazieren zu gehen – das täte der Gesundheit gut. Die anderen Stammesmitglieder, speziell die Jäger, täten das auch oder arbeiteten zumindest körperlich. Dreißig bis vierzig Kilometer am Tag wären schon empfehlenswert. Zwar verbrauche das Gehirn auch erhebliche Energie, aber den ganzen Tag herumzusitzen und nur zu denken – soweit das überhaupt bei ihnen feststellbar wäre –, das ginge nicht. Sie

© Springer Fachmedien Wiesbaden 2015
J. Beetz, *Funktionen für Höhlenmenschen und andere Anfänger*, essentials,
DOI 10.1007/978-3-658-06686-4_3

wisse das aus der Zukunft, betonte sie, und schließlich sei sie ja für die Gesundheit des Stammes verantwortlich. Und, das wolle sie nur nebenbei erwähnen, gerade diese Betätigung mache das Hirn frei, bringe neue Gedanken hervor und mache glücklich.[1]

So streiften die beiden durch die Gegend, studierten die Natur (Rudi speziell unter physikalischen Gesichtspunkten) und diskutierten. Bis Eddi an einem Teich mit Seerosen abrupt stehen blieb. „Kennst du das Seerosen-Rätsel?", fragte er seinen Begleiter und wartete die Antwort nicht ab: „Nein? Ich erzähle es kurz: Auf einem Teich schwimmen abends zwei Seerosen, am nächsten Abend haben sie sich verdoppelt, am nächsten Abend wieder. Sie verdoppeln sich jeden Tag. Am 10. Tag ist der Teich voll. Wann war er halbvoll?" Rudi grinste: „Darauf falle ich nicht herein! Am vorletzten Tag, dem 9. Tag, war der Teich halbvoll. Wenn sie sich jeden Tag verdoppeln, dann muss das ja auch am letzten Tag passiert sein." Eddi lobte ihn: „Gut gedacht! Ich sehe schon, du erinnerst dich an die „Exponentialschreibweise". Am 10. Tag sind 2^{10} Seerosen im Teich, also 1024." Rudi ergänzte: „Also ist die Zahl der Seerosen am letzten Tag genauso stark gewachsen wie an den 9 Tagen vorher zusammengenommen als es noch 512 waren, zwei hoch neun. Das ist ja noch nicht sehr beeindruckend."

„Ja, aber es gibt zwei interessante Aspekte dabei: Erstens ist das eine wahre Zahlenbombe, wenn der Exponent größer wird. Warten wir einen Monat, sind es 2^{30} davon, nämlich 1.073.741.824." Rudi musste lachen: „Über tausend Millionen?! Das muss aber ein ziemlich großer Teich sein!" „Sei nicht albern! Das ist ja klar. Aber vielleicht gibt es etwas, was sich ebenso exponentiell vermehrt, aber viel kleiner is. Ich muss mal Siggi danach fragen.[2] Der zweite Aspekt ist, dass du die Summe aller von 1 bis 2^n – also $1+2+4+8+\ldots+2^n$ – sehr schnell berechnen kannst, ohne alle mühsam zusammenzuzählen. Es ist nämlich einfach die nächsthöhere Zweierpotenz minus eins."

„Ach! Und kannst du das auch beweisen?" „Ich arbeite daran…", sagte Eddi und wartete auf die von Willa versprochenen neuen Gedanken nebst zugehörigen Glücksgefühlen.

Wir warten mit ihm. Der Beweis wird mit einem Standardverfahren der Mathematik geführt, der „Vollständigen Induktion". Mit ihr kann eine mathematische Aussage für *alle* natürlichen Zahlen bewiesen werden. Darauf sollten Sie gespannt

---

[1] Hier spielt die weise Frau auf die „Glückshormone" wie Dopamin, Serotonin, Noradrenalin und andere Neurotransmitter an, die Wohlbefinden und Glücksgefühle hervorrufen. Quelle: http://de.wikipedia.org/wiki/Glückshormone.

[2] Siggi wird ihm sagen, dass z. B. die Anzahl von Viren oder Bakterien ähnlich wächst. Dabei kann die Verdoppelungsrate im Stundenbereich liegen. Ein Rechenbeispiel findet sich in http://www.mathe-online.at/mathint/log/i.html#Bakterien.

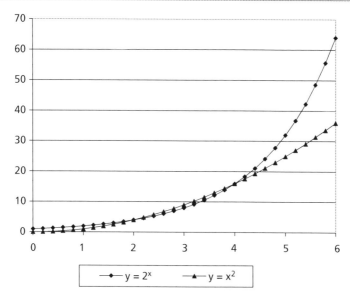

Abb. 3.1 Parabel im Vergleich zum exponentiellen Wachstum

sein, denn Sie erinnern sich: Die Menge aller natürlichen Zahlen ist unendlich groß. Wie kann man also sicher sein, dass es nicht *doch* irgendwo eine Ausnahme gibt? Darauf werden wir später noch eingehen.

Es lohnt sich natürlich, einen Blick auf den Verlauf der Seerosen-Population zu werfen speziell im Vergleich zwischen den scheinbar so verwandten Kurven $y = x^2$ und $y = 2^x$. Die erste ist die „gemeine Parabel", die einfachste nichtlineare Kurve. Sie beginnt mit dem Wertepaar $x|y$ gleich $0|0$ und steigt über $3|9$ bis $6|36$, dem Ende unserer Darstellung in Abb. 3.1. Die Funktion $y = 2^x$ beginnt mit einem Vorsprung bei $0|1$ und hält ihn bis $2|4$ (denn 2^2 aus x^2 und 2^2 aus 2^x sind ja dasselbe). Dann muss sie bis $4|4$ der Parabel hinterher laufen, weil ja z. B. 3^2 schon 9 ergibt, aber 2^3 nur 8. Nun aber ist die Exponentialfunktion 2^x ab $x = 4$ nicht mehr aufzuhalten, denn 5^2 aus x^2 ist 25 und 2^5 aus 2^x ist 32. Bei $x = 10$ ist die Parabel bei $y = 100$ hoffnungslos abgeschlagen, denn 2^{10} sind schon 1024.

Halten wir also zum Schluss nur Eddis Aussage als Formel fest: Die Summe aller von 1 bis 2^n ist $2^{n+1} - 1$. Und wir merken uns: Mit exponentiellem Wachstum ist nicht zu spaßen! Und noch eine – nun wirklich letzte – Bemerkung: Vielleicht ist Ihnen aufgefallen, dass hier von der „Summe aller" und nicht nur von der „Summe aller Zahlen" die Rede war. Letzteres würde man umgangssprachlich sagen und glauben, der andere wisse schon, was man meint. Mathematiker legen ja großen

Wert auf die *exakte* Benennung und Definition der Dinge, über die sie reden. Begriffe besser, sauberer oder überhaupt zu definieren, das kann ja nur nützen. Es gäbe weniger Missverständnisse, weniger Streit und nutzlose Diskussionen. Wenn es nur im täglichen Leben öfter so wäre!

3.2 Wachstum ist stetige Verzinsung

Lassen wir die Historie einmal kurz zur Seite (es ist Nacht, Eddi und Rudi schlafen nach der langen Wanderung) und betrachten die „e-Funktion" etwas genauer. Die allgemeine Form ist $y = a^x$ mit der so genannten „Basis "(oder auch „Grundzahl") $a > 0$ und $a \neq 1$, um die Trivialitäten auszuschalten. Die Exponentialfunktion im engeren Sinne, genauer „natürliche Exponentialfunktion", ist unter dem Namen „e-Funktion" bekannt und hat als Basis die „Eulersche Zahl" e – was nun wirklich nicht überrascht. Diese Zahl e entstand aus der laufenden Verzinsung, wenn Sie sich erinnern: $e = (1 + 1/n)^n$, wenn n gegen Unendlich läuft (eine Schreibweise in exakter mathematischer Kurzschrift bekommen Sie noch präsentiert).

Natürlich streben wir nach Allgemeinheit: Wir fügen eine beliebig wählbare Konstante a hinzu und erhalten die Funktionsdefinition $y = e^{ax}$. Im Diagramm (Abb. 3.2) kann man mit verschiedenen a experimentieren, z. B. mit $a = 1$ und $a = 1,5$. Nach Ihrer Kenntnis der Potenzregeln überrascht Sie es nicht, dass 1) beide Kurven für $x = 0$ die y-Achse bei $y = 1$ schneiden, 2) sie sich für negative x wie $1/e^{ax}$ an die x-Achse anschmiegen und 3) die Kurve für ein höheres a gekrümmter verläuft. So weit, so gut.

3.3 Natürlicher Schwund und (k)ein Ende

Rudi fand das auch elegant. Er kam auch auf die Idee, einmal die Umkehrfunktion sozusagen vergrößert dazuzumalen: $y = 1/e^x$ oder $y = e^{-x}$. „Das ist ja die linke Hälfte der e-Funktion", erklärte er, „bloß nach rechts geklappt. Oder umgekehrt: Wenn x negative Werte annimmt, sagen wir $x = -2$, dann ist das ja $y = e^{-(-2)}$ oder $y = e^2$, sechs und ein paar Gequetschte. Wir zeichnen also einmal nur den rechten Quadranten von 0 bis 1,9. Wir könnten auch noch einen Parameter zum Exponenten nehmen, damit wir etwas variieren können." „Ja, einen Para… was?" „Siggis Wortschöpfung", sagte Eddi, „einen frei wählbaren Faktor, der aber für einen bestimmten Fall fest ist – im Gegensatz zur Variablen x, die wir ja ständig verändern." „Unklar!", protestierte Rudi, „Gib mal ein Beispiel." „Wir nehmen a als Parameter und zeichnen $y = e^{-ax}$. Während wir x von null bis sonstwohin laufen

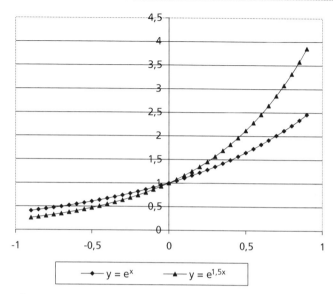

Abb. 3.2 Die ansteigende „e-Funktion" $y = e^{ax}$

lassen, um eine schöne Kurve zu bekommen, bleibt a fest. Bei der „einfachen"
Schwund-Funktion war er ja auch schon heimlich anwesend, denn a = 1 können wir
ja weglassen." Rudi war einverstanden und schlug den Faktor 3 vor. Gesagt, getan,
und so entstand Abb. 3.3. Eddi fand es etwas unappetitlich, dass Rudi mit seinem
abgenagten Mammutknochen auf dem Lehmboden herummalte, aber er freute sich
über die exakte Darstellung.

„Grandios", fand Rudi, „Reihe 1 mit $y = e^{-x}$ und Reihe 2 mit $y = e^{-3x}$ fallen wun-
derschön ab." „Mit a = 1 eher mäßig", bestätigte Eddi, „mit a = 3 schon dramatischer. So kann man über verschiedene Werte des Parameters a verschiedene Fälle
auseinander halten. Und a muss ja keine *ganze* Zahl sein, vielleicht ergeben sich
aus physikalischen Beobachtungen ja ganz krumme Werte." „Ich könnte mir vorstellen, dass das so ist. Wenn ich ein kleines Loch unten in einen großen Wasser-
tank mache, dann läuft das Wasser mit großem Druck aus, wenn der Tank ziemlich
voll ist. Je leerer er wird, desto geringer wird der Wasserdruck und desto kraftloser
wird der Strahl. Ich vermute, dass der Wasserstand einer solchen e-Funktion folgt.
Ich muss das mal mit meiner Sanduhr experimentell bestätigen."

In der Tat, so ist es. Das war ein schönes Beispiel für eine wissenschaftliche
Hypothese und die Notwendigkeit, sie zu verifizieren. Wenn die Elektrotechnik

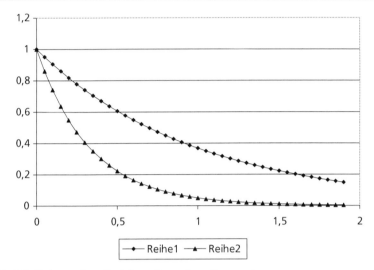

Abb. 3.3 Varianten der e-Funktion mit negativem Exponenten

erst einmal entdeckt sein wird, wird man viele solche Funktionsverläufe beobachten. Auch die Schwingungsweite eines gedämpften Pendels nimmt in dieser Form ab.

Eine andere „moderne" Tatsache erkennt man an der „Abklingfunktion", wie man $y = e^{-ax}$ nennen könnte. Es handelt sich um den radioaktiven Zerfall. Ich möchte jetzt die Abb. 3.3 nicht mit unnötigen Linien garnieren, aber legen Sie doch einmal ein Lineal oder ein gerades Stück Papier waagerecht bei $y = \frac{1}{2}$ an. Dort ist die Kurve e^{-3x} (Reihe 2, markiert mit dem Dreieck „▲") auf die Hälfte abgesunken. Die andere natürlich auch, nur bei einem anderen x. Wenn Sie von dort auf die x-Achse herunterloten, landen Sie bei etwa $x = 0,22$ (hätten Sie die langsamer fallende die Kurve e^{-x} genommen, wären Sie bei $x \approx 0,68$ angekommen). Wäre die x-Achse eine Zeitachse (was sie oft ist, z. B. bei radioaktiven Zerfallsprozessen), dann wären diese beiden Werte die „Halbwertszeit". Beim radioaktiven Caesium ^{137}Cs sind es mäßige 30 Jahre, bei Plutonium ^{239}Pu satte 24.110 Jahre – vom Uran ^{238}U mit 4,4 Mrd. Jahren wollen wir gar nicht erst reden (diese Zeit hat die Erde zu ihrer Entstehung aus der Verdichtung des Sonnennebels bis heute gebraucht). Bei dem in der ersten Atombombe verwendeten Uran ^{235}U sind es unerfreulich lange 703.800.000 Jahre. Das a bei $y = e^{-ax}$ ist also sehr klein. Jetzt darf man nicht glauben, dass nach der zweiten Hälfte der Halbwertszeit alles weg ist – darauf wären nicht einmal Steinzeitmenschen hereingefallen. Nein, nach einer weiteren Halbwertszeit ist von der Hälfte wieder die Hälfte zerfallen, der ursprüngliche Wert

(z. B. einer Strahlungsaktivität) also auf ¼ gesunken. Bist „nichts" mehr da ist, dauert es mathematisch gesehen unendlich lange. Was das bei der Radioaktivität bedeutet, das kennen Sie ja bzw. können es nachlesen. Bei einer Halbwertszeit von einigen zehntausend Jahren bei Atommüll wird der Unterschied allerdings bedeutungslos. Erfreulicherweise gibt es diese Abklingfunktion auch in anderen Bereichen, z. B. in der Wärmelehre, auch „Thermodynamik" genannt. Ein Topf warmen Wassers verliert unter idealen Versuchsbedingungen nach derselben e-Funktion seine Temperatur – was vielleicht sogar Rudi hätte feststellen können.

Eddis Ärgernis, der Mammutknochen, mit dem Rudi die „Abklingfunktion" $y = e^{-ax}$ gezeichnet hatte, sollte ein Nachspiel haben. Allerdings erst *sehr* viel später, genauer: vor kurzer Zeit, als der Archäologe Ive Gotcha Reste von ihm bei Ausgrabungen fand.[3] Da war es natürlich vordringlich, zuerst das Alter des Fundstücks zu bestimmen. Dazu eignet sich die Radiokohlenstoffdatierung, auch „Radiokarbonmethode" genannt. Wie praktisch, dass sie zugleich eine Anwendung genau dieser e-Funktion ist.

Wir leben ja in einer „Kohlenstoff-Welt", denn Grundlage aller organischen Verbindungen ist dieses chemische Element mit dem Kürzel „C". Alles lebende Gewebe ist aus Kohlenstoffverbindungen aufgebaut. Im Graphit und im Diamant liegt Kohlenstoff (auch Carbon genannt) sogar in reiner Form vor. Sein Atomgewicht beträgt 12 – in der Regel. Das heißt, in seinem Kern sind (nach etwas veralteten, aber anschaulichen Vorstellungen) 12 „Kügelchen" angesiedelt, nämlich 6 Protonen und 6 Neutronen. Es gibt aber noch 2 Varianten, die ein oder sogar zwei Neutronen mehr haben, also im Kern 13 bzw. 14 „Kügelchen" besitzen. Sie sind selten: Während ^{12}C (so die Fachbezeichnung) in etwa 98,89 % der Masse und ^{13}C in etwa 1,11 % vorkommen, taucht ^{14}C nur in 0,000.000.000.1 % (also 10^{-10} %) auf. Auf 10^{12} (1 Billion) ^{12}C-Kerne kommt so statistisch gesehen nur ein einziger ^{14}C-Kern. Und er ist – im Gegensatz zu ^{12}C und ^{13}C – nicht stabil. Daher der Name „Radiokohlenstoff", weil er strahlt (lat. *radiare* „strahlen" und *radius* „der Strahl"). Er zerfällt. Womit wir – nach einem etwas längeren Anlauf – beim Thema wären.

Denn was kommt Ihnen dabei in den Sinn? Richtig: die Halbwertszeit. Sie beträgt ca. 5730 Jahre. Zwar zerfällt der Radiokohlenstoff, er wird aber in der Atmosphäre auch fortlaufend neu gebildet. In der Luft?! Ja, aber nicht aus herumfliegenden Graphitbrocken oder Diamanten – wir sprechen über *atomaren* Kohlenstoff. Er verbindet sich mit dem Luftsauerstoff zu Kohlendioxid (CO_2) und gelangt durch die Photosynthese in Pflanzen, von dort in bekanntem Weg in Tiere. Mammuts fressen Blätter und Pflanzen. Da Lebewesen bei ihrem Stoffwechsel ständig

---

[3] Ive Gotcha: *The extinction of the woolly mammoth (Mammuthus primigenius) in Europe.* Quaternary International 126–128 (2005), S. 71–74.

Kohlenstoff mit der Atmosphäre austauschen, stellt sich in lebenden Organismen dasselbe Verteilungsverhältnis der drei Kohlenstoff-Formen ein, wie es in der Atmosphäre vorliegt. Bis sie sterben. Dann ändert sich das Verhältnis zwischen ^{14}C und ^{12}C, weil die zerfallenden ^{14}C-Kerne nicht mehr durch neue ersetzt werden.[4]

Zählt man also die zerfallenden ^{14}C-Kerne (das können die Physiker inzwischen sehr genau), dann kennt man die heutige Strahlungsrate und kann mit dem Zerfallsgesetz die seit dem Tod des Mammuts verstrichene Zeit berechnen: Ist V_0 das heutige Verhältnis von ^{14}C zu ^{12}C und $V_t = {}^{14}C/{}^{12}C$ zum gesuchten Zeitpunkt t vor der Messung, dann ist $V_t = V_0 \cdot e^{-\lambda t}$, wobei $\lambda = 1{,}21 \cdot 10^{-4}$ ist, wenn t in Jahren gemessen wird. Jetzt brauchen Sie die Gleichung nur nach t aufzulösen, und schon haben Sie das Ergebnis. Niemand verbietet uns ja, von einem bekannten y auf das zugehörige x zurückzurechnen. Denn wenn $e^{\lambda t} = V_0/V_t$ ist, dann ist $t = 1/\lambda \times \ln (V_0/V_t)$. Da wird es Sie nicht überraschen, dass Ive Gotcha das Alter des Knochens auf ziemlich genau 10.000 Jahre bestimmen konnte.

Kehren wir in die Steinzeit zurück. „Das war ja schon sehr lehrreich", freute sich Eddi, „ich habe noch eine schöne Idee, da $y = e^{-x}$ ja bei $x = 0$ mit 1 beginnt. Zeichnen wir doch noch etwas Anspruchsvolleres: $y = 1 - e^{-x}$ und vielleicht, um der Sache ein wenig Pfeffer zu geben, den Exponenten noch mit einem Parameter a garniert: $y = 1 - e^{-ax}$. Das sieht doch zumindest ebenso elegant aus, und vielleicht fällt uns auch hier noch eine praktische Anwendung dazu ein. Eins minus einem Schrumpfungsprozess muss ja eine Art Sättigungsvorgang sein." (Abb. 3.4)

Rudi betrachtete die Zeichnung: „Symmetrisch zu Abb. 3.3 nähern sich Kurve mit $y = 1 - e^{-x}$ und die Kurve mit $y = 1 - e^{-3x}$ nach oben der Eins. So wie sie sich dort der Null anschmiegen. Das sieht nach einer Art „Sättigung" aus." „Was heißt „sieht so aus"? Es *ist* eine Sättigung, denn auch wenn wir x gegen Unendlich treiben, wir kommen nie über den Wert 1 hinaus."

„Diese Verläufe erinnern mich an unsere Bauprojekte", sagte Eddi. „Wie das?" „Nach kurzer Zeit – hier etwa bei 0,55 für $a = 3$ – sind wir zu 80 % fertig... und dann *zieht* es sich. Die Wände stehen, das Dach ist drauf, und dann fangen die Kerle an zu pusseln: Die Holztür dauert mit den Steinbeilen unendlich lange, der Lehmputz wird gerührt und gerührt..." „Ich weiß, was du meinst", unterbrach Eddi, „du brauchst das jetzt nicht in aller Breite auszuführen. Das ist eine Art „80:20-Regel", denn 80 % der Ergebnisse werden mit 20 % der Gesamtzeit oder des gesamten Aufwandes eines Projekts erreicht. Die verbleibenden 20 % verursachen überproportional viel Arbeit und Kosten. Das scheint im täglichen Leben oft so zu sein." „Da könnte man ja...", wollte Rudi sagen, aber Eddi unterbrach ihn: „Du willst dich doch jetzt nicht hier als Faulpelz offenbaren und vorschlagen, nach

---

[4] Quelle: http://de.wikipedia.org/wiki/Radiokarbonmethode.

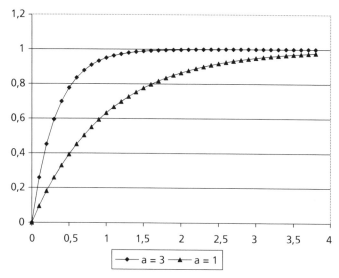

Abb. 3.4 Die „Sättigungsfunktion" $y = 1 - e^{-ax}$

vier Fünftel der Zeit aufzuhören!" „Schneller und billiger wäre es ja!" „Ja, aber willst du eine Hütte ohne Tür?!"

Die „80-zu-20-Regel" wird auch als „Paretoprinzip" oder „Pareto-Effekt" bezeichnet. Manche treiben es noch weiter und machen daraus eine „90-zu-10-Regel", was dann durchaus manchen kostspieligen Perfektionismus verhindern kann. Diese Regel zeigt sich auch in anderen Bereichen. So konstatierte der Namensgeber dieses Phänomens, Vilfredo Pareto, dass Ende des 19. Jahrhunderts die Verteilung des Volksvermögens in Italien auch so strukturiert war, dass etwa 20 % der Familien etwa 80 % des Volksvermögens besaßen.

Grafiken und ihre (vermeintliche) Aussage

Nicht nur in der (digitalen) Fotografie wird getrickst und manipuliert, was das Zeug hält. Auch Journalisten und ehrbare Wissenschaftler erwecken (manchmal unabsichtlich) mit grafischen Darstellungen falsche Eindrücke. Lügen mit Grafiken – eine häufig anzutreffende Manipulation unserer Sinne und damit auch unseres Verstandes. Und weil sie gerade dabei sind, werden Lügen auch gerne in scheinbar einfache Zahlen verpackt. Besonders gut eignet sich die Angabe „Prozent" dafür. Das kommt aus dem Lateinischen und heißt (wie es manch' ehrbarer Kaufmann auch noch sagt) „von Hundert". Aber von hundert *was*? Das bleibt oft im Dunklen – und der Empfänger dieser Information darf in die gewünschte (falsche) Richtung spekulieren. Und wenn man etwas Falsches oft genug wiederholt, wird es auf geheimnisvolle Weise „wahr".

4.1 Bilder sagen mehr als tausend Worte – sagen sie auch die Wahrheit?

Der Erfolg der Balkendiagramme hatte die Leute angestachelt. Der Leiter der Jagdgruppe „rot" hatte die Gesamtbeute in den Monaten 1 bis 10 grafisch dargestellt (Abb. 4.1 oben). Weniger als 200 kg hatten sie nie erbeutet.

Also machen wir das Diagramm kleiner, dachte er. Denn wenn man die übliche Mindestbeute in der Zeichnung weglässt, dann braucht man weniger Kohlestift. Gedacht, getan (Abb. 4.1 unten). Doch das Ergebnis überzeugt nicht so recht. Die Beute im Monat 6 wirkt optisch wie ein Drittel des Ergebnisses im Vormonat, ist aber tatsächlich halb so groß. Die Unterdrückung des Nullpunktes auf der y-Achse

© Springer Fachmedien Wiesbaden 2015
J. Beetz, *Funktionen für Höhlenmenschen und andere Anfänger*, essentials,
DOI 10.1007/978-3-658-06686-4_4

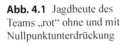

Abb. 4.1 Jagdbeute des Teams „rot" ohne und mit Nullpunktunterdrückung

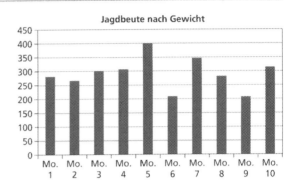

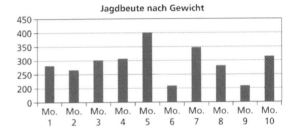

liefert unseren Augen ein falsches Signal und führt zu falschen Interpretationen. Denn falsch gesehen ist falsch gedacht.

Interessant wird es also, wenn man die y-Achse künstlich verkürzt, z. B. weil kleine Werte nicht dargestellt werden sollen. Ein weiteres solches Beispiel sehen Sie in einer Statistik über das Hausmüllaufkommen[1] in Abb. 4.2 oben: Die Werte unter ca. 46 Mio. t sind weggelassen. Das Ergebnis ist ein drastischer Anstieg des Hausmülls im Jahre 2002. Erst gewaltige Anstrengungen der Bundesregierung konnten ihn im Jahr 2003 wieder auf das Niveau von 2001 drücken. Danach ab 2005 sieht man eine offensichtliche Halbierung – welch' eine Leistung des Umweltministers!

Schaut man sich die Grafik ohne Nullpunktunterdrückung an Abb. 4.2 unten, so verliert sich die Dramatik. Es ist nur eine leichte Schwankung um den Wert von 50 Mio. t. Durch die Unterdrückung des Nullpunktes wurde das Auge getäuscht, wurden falsche Verhältnisse suggeriert. Denn wir glauben ja unwillkürlich, was wir sehen, ohne groß darüber nachzudenken. Daher fordert der Yale-Professor Ed-

---

[1] Statistisches Bundesamt, Wiesbaden 2009. Tabelle: Zeitreihe des Abfallaufkommens 1996–2006 (aus http://www.destatis.de/).

Abb. 4.2 Lügen mit Grafiken – die Nullpunktunterdrückung suggeriert Dramatik

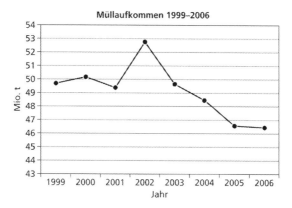

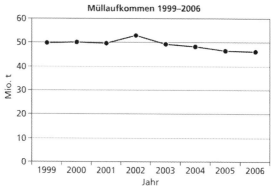

ward Tufte: Grafische Veränderungen müssen proportional zu den zahlenmäßigen Veränderungen der abgebildeten Werte sein (Tufte 2001). Das gilt für Linien- wie für Balkendiagramme. Ohne den moralischen Zeigefinger heben zu wollen: Haben Sie erst einmal eine Sensibilität für diesen Trick entwickelt, dann sehen Sie in vielen Diagrammen im Fernsehen und gedruckten Medien diese „Todsünde". Mit der Zunahme der Grafikprogramme kann heute jeder fast jede Zahlenreihe als *business chart* so verstümmeln, dass die Aussage der Grafik bestenfalls unverständlich, oft sogar falsch wird.

Noch besser werden Ergebnisse „poliert", wenn man zwei Waffen einsetzt: Grafiken, die zu Fehldeutungen führen *und* missverständliche Zahlen. Für letzteres wird gerne die Prozentrechnung verwendet, die besonders bei längeren Zeitreihen zu gefährlichen Fehldeutungen führt.

Abb. 4.3 Ausschnitt aus den jährlichen Inflationswerten

Jahr	Inflationsrate	Jahr	Inflationsrate
1960	1,60 %	2000	1,40 %
1961	2,50 %	2001	1,90 %
1962	2,80 %	2002	1,50 %
1963	3,00 %	2003	1,00 %
1964	2,40 %	2004	1,70 %
1965	3,20 %	2005	1,50 %
1966	3,30 %	2006	1,60 %
1967	1,90 %	2007	2,30 %
1968	1,60 %	2008	2,60 %
1969	1,80 %	2009	0,40 %
1970	3,60 %	2010	1,10 %

Nehmen wir als Beispiel die jährliche Inflationsrate in Deutschland.[2] Um Sie nicht mit einem „Zahlenfriedhof" zu langweilen, haben wir hier nur die Werte zwischen 1960 und 1968 sowie zwischen 2000 und 2008 herausgegriffen (Abb. 4.3). Zugrunde liegen aber die vollständigen Zahlen von 1960 bis 2010. Die erste Frage ist: Wie viele Jahre sind das? Die spontane Antwort: 50 Jahre. Der Grundstücksbesitzer denkt aber an die goldene Regel: Ich brauche für einen Zaun einen Pfosten mehr, als ich Lücken habe. Der Mathematiker sagt: Wenn ich die beiden Grenzen n und m mit einbeziehe, dann sind es (mit n > m) genau n − m + 1 Jahre. Beide haben Recht, denn wir haben 51 Zahlenwerte für die jährliche Inflationsrate von 1960 bis 2010, beide Jahre mit eingeschlossen.

Da wir die Einzelwerte hier nicht aufgeführt haben, müssen Sie mir glauben: Die Summe aller Prozentzahlen ist genau 144,00 %, im Mittel also 2,82 % (leicht gerundet). Das klingt ja nun nicht so dramatisch, berücksichtigt man den langen Zeitraum. Wenn wir also im Jahr 1960 für Dinge des täglichen Lebens 100 € (umgerechnet 195,58 DM) ausgegeben haben, dann müssten wir im Jahr 2010 dafür 244 € hinlegen, nämlich 144 % mehr.

Schön wär's! Obwohl auch das schon erschreckend klingt. Einfach nur Prozente summieren, das ist ein gewaltiger Denkfehler. Denn die Prozentzahlen beziehen sich ja immer auf das Vorjahr. Wenn Sie in Abb. 4.3 schauen, dann sehen Sie den Zuwachs am 31.12.1960 auf 101,60 %. Im nächsten Jahr ist aber das die Basis des Zuschlages und nicht die 100 % am 31.12.1959. Die reine (und falsche) Addition der Prozente (1,6 + 2,5 %) würde zu 104,10 % am 31.12.1961 führen. In Wirklich-

---

[2] Zahlen des Statistischen Bundesamtes, Quelle: Grafik „Jährliche Preisveränderungsraten in Deutschland von 1952 bis 2007" in http://de.wikipedia.org/wiki/Inflation.

Inflation (0,1 = 10 %)

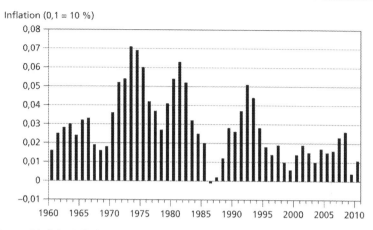

Abb. 4.4 Jährliche Inflationswerte in % von 1960 bis 2010

keit sind es aber 101,60+2,5 % darauf, genauer 101,60 %·(1+0,025)=104,14 %. Das gute alte Zinseszins-Prinzip. „Na gut!", sagen Sie, „4 Punkte in der Hundertstel-Stelle, das ist doch gar nichts!"

Damit argumentieren auch diejenigen, die Sie mit solchen falschen Rechnungen an der Nase herum führen wollen. Denn es summiert sich. „Fehlerfortpflanzung" nennt man das, und die Fehler sind sehr vermehrungsfreudig. Schauen wir uns die 51 Jahre in der Grafik an (Abb. 4.4), zuerst die vollständigen Prozentwerte (beachtlich das Jahr 1986 mit deflationären −0,10 % und 1973 mit dem Spitzenwert 7,10 %).

Stellen wir nun die (falsch zusammengezählten) Prozentwerte den richtig gerechneten gegenüber, dann sehen wir, dass auch Ausgaben von 100 € im Jahr 1960 nicht 244 € geworden sind, sondern 410,76 €, also 310,76 % Zuwachs (Abb. 4.5). Ein nicht mehr ganz kleiner Unterschied!

Auch andere Daten, wie z. B. der Zuwachs des jährlichen CO_2-Ausstoßes, werden gerne in Prozent angegeben. Auch das verzerrt die Interpretation. Und an der Grafik selbst haben wir noch nicht mal etwas manipuliert!

The trend is your friend (der Trend ist dein Freund), das geben Börsianer gerne von sich – besonders, wenn der Trend nach oben zeigt. Auch „Zukunftsforscher" lieben ihn: Sie verlängern einfach die Entwicklung der Vergangenheit in die Zukunft – und das ist dann ihre „mathematisch abgesicherte" Prognose. Aber nicht umsonst sind Banken jetzt dazu verpflichtet, den Satz „Die Entwicklung der Vergangenheit ist keine Garantie für die Entwicklung in der Zukunft" in ihre Hochglanzprospekte zu drucken. Wie solche Prognosen zustande kommen, wollen wir

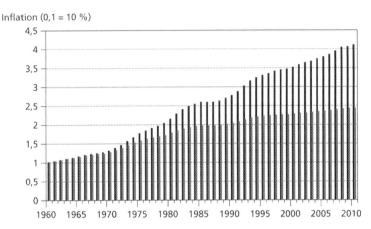

Inflation (0,1 = 10 %)

Abb. 4.5 Falsch und richtig gerechnete Inflationswerte (1 = 100 %)

uns hier genauer ansehen. Das Stichwort ist „Extrapolation". Doch was suggeriert der Börsenkurs in den bekannten Kursgrafiken?

Eine Grafik zeigt Änderungen von Werten zwischen zwei Punkten durch die Steigung der Linie, die sie verbindet. Je steiler die Linie ist, desto größer ist die Steigung und daher die Wertänderung. Wenn wir aber zwei Linien in einem Diagramm miteinander vergleichen, dann dürfen wir nicht von unterschiedlichen Niveaus starten. Sonst sind die Steigungen nicht proportional zu den prozentualen Änderungen. Beginnt eine Linie bei 10 und endet bei 20, so ist das eine 100-%-Änderung. Eine zweite Linie mit gleicher prozentualer Änderung, die aber bei 20 beginnt, endet bei 40 – und sieht doppelt so steil aus. Erst eine so genannte „logarithmische" Skala (die Sie ja schon kennen gelernt haben) sorgt dafür, dass die Steigungen die prozentualen Veränderungen genau zeigen. Wie sieht das aus?

Nehmen wir zur Illustration einmal Aktienkurse. Unter Börsianern herrscht eine Art Glaubenskrieg, was die Wahl der Chartdarstellung betrifft.[3] Grundsätzlich gibt es zwei Arten, einen Kursverlauf abzubilden: mit linearer oder logarithmischer Skalierung. Eine logarithmische Skala zeigt Werte nicht in proportionalem Abstand (10, 20, 30, 40 usw. sind gleich weit voneinander entfernt), sondern in einem „logarithmisch" verzerrten, nach oben verdichteten Verhältnis. Der Unterschied wird anhand eines konkreten Beispiels verständlich. In Abb. 4.6 sehen Sie den

---

[3] Textteile mit freundlicher Genehmigung des Stuttgarter Aktienbriefs „Börse Aktuell" (ehem. Stuttgarter Aktien-Club) Nr. 06/2009S. 13 (http://www.boerse-aktuell.de/).

Abb. 4.6 Der *Dow-Jones*-Index seit Januar 1928 in linearer Form

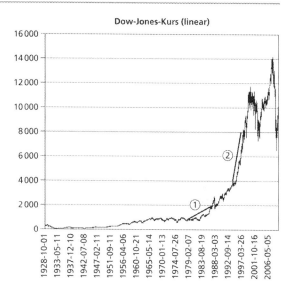

Dow-Jones-Kurs (linear)

Langfristchart des Dow-Jones-Index seit Januar 1928 in linearer Form.[4] Er beginnt bei 239, steht im Januar 1970 bei ca. 800 und hat seine Spitze im Juli 2007 bei ca. 14000. Er verdoppelt sich jeweils von 1000 auf 2000 zwischen Februar 1979 und März 1988 und von 4000 auf 8000 zwischen Dezember 1992 und März 1997.

Hier werden Kursveränderungen auf der senkrechten Achse in immer gleichen Abständen angezeigt: Von 2000 auf 4000 ist es genauso weit wie von 6000 auf 8000. Laien werden diese Chartdarstellung im ersten Moment für „korrekt" befinden. Schließlich sind die Abstände immer gleich – so wie man es in der Schule gelernt hat. Doch eine Verdopplung des eingesetzten Kapitals (wenn man einen „Indexfonds" gekauft hat) von 1000 auf 2000 (Linie ① im Diagramm, etwa von 12/1982 bis 01/1987) zeigt eine mäßige Steigung. Dieselbe Verdopplung von 4000 auf 8000 (Linie ② im Diagramm, etwa von 03/1995 bis 07/1997) sieht erheblich dramatischer aus – aber eine Verdopplung ist eine Verdopplung.

In der Abb. 4.7 sehen Sie zum Vergleich denselben Verlauf in logarithmischer Darstellung. Auf der senkrechten Achse springen die Werte in Zehnerpotenzen. Die Achseneinteilung ist gewissermaßen gestaucht. Hier ist natürlich kein Betrug im Spiel – es handelt sich nur um eine andere Skalierung auf der Achse. Gleiche optische Abstände zwischen zwei Kursen bedeuten hier gleiche *prozentuale* Veränderungen. Eine Verdoppelung des *Dow* von 1000 auf 2000 ist genauso groß wie der

---

[4] Quelle: http://www.bwinvestment.de/dow.txt.

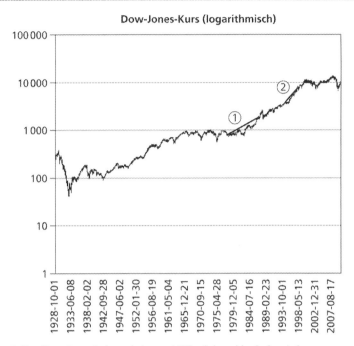

Abb. 4.7 Der *Dow-Jones*-Index seit Januar 1928 mit logarithmischer Achse

Abstand von 4000 auf 8000 (mit kleinen Konzessionen an die Ungenauigkeit der Kurven, in der die Ähnlichkeit der Linien ① und ② nur schlecht zu erkennen ist). Viele halten diese Darstellung für Langfristanleger für besser, denn die Aktionäre dürfte vor allem die prozentuale Veränderung interessieren, nicht die absolute. In anderen Worten: Wer eine Aktie kauft, die 5 € kostet, kann sich bei einem Anstieg von weiteren 5 € über eine glatte Verdopplung freuen. Wenn die Aktie aber bereits 50 € kostet, macht der Zuwachs von 5 € gerade einmal 10 % aus. In einem linearen Chart ist der Abstand in beiden Fällen gleich groß, obwohl der Erfolg, also die prozentuale Entwicklung, einen himmelweiten Unterschied darstellt. Und dieser wird nur bei der logarithmischen Darstellung sichtbar.

Ist also die logarithmische Darstellung die „richtige"? Das kann man so nicht sagen, es gibt kein „richtig" oder „falsch" bei den Darstellungsmöglichkeiten. Beides ist richtig und beides hat Vor- und Nachteile. Im kurzfristigen Bereich wählt man üblicherweise lineare Charts, da hier die absolute Entwicklung im Vordergrund steht. Da Spekulanten eher nach dem kurzfristigen Chartverlauf schielen, erfüllen die meisten Börsenmagazine ihren Wunsch nach linearen Kurzfristcharts.

Bei Anbietern von Langfristcharts ist diese Darstellungsweise aber die übliche – und seriöse Zeitschriften verschleiern die prozentualen Änderungen nicht. Verharmlosen logarithmische Charts Rückschläge? Lügen diese Grafiken? Klare Antwort: nein! Schauen Sie nochmals auf den linearen Chart des Dow (Abb. 4.6): Der Kurs tritt bis etwa 1979 viele Jahre auf der Stelle und schießt dann nach oben wie eine Rakete – der berühmte „exponentielle Anstieg". Und die jüngsten Rückschläge beim Platzen der „*Dotcom*-Blase" im März 2000 und in der „*Subprime*-Krise" 2007 sehen aus wie der freie Fall. Im logarithmischen Diagramm ist zwar die „Weltwirtschaftskrise" 1929 deutlich zu erkennen, aber danach zeigt der Dow eine relativ gleichmäßigen prozentualen Anstieg – und die jüngsten Krisen sehen eher harmlos aus. Viele sind aber der Meinung, dass dieselben *prozentualen* Veränderungen auch immer gleich stark im Chart erkennbar sein sollten. Denn der Rückschlag von heute schmerzt die Anleger genauso wie der vor zwanzig Jahren.

Sie hatten ja schon gesehen, wie die logarithmische Skala macht aus der „Wumm!-Kurve" eine Gerade macht. Denn der explosionsartige Anstieg, der bei einer linearen senkrechten Achse sichtbar wird, wird nun in ihrer Skalierung versteckt, die dann gleiche Abstände zwischen 100, 1000, 10.000 usw. aufweist. Dieser simple „Trick" (wertneutral: diese Skalentransformation) kann gewaltige Auswirkungen auf die Interpretation haben.

Mit richtig gemachten Grafiken kann man Zusammenhänge sichtbar machen, über die man vielleicht schon lange vergeblich nachgedacht hat. Inzwischen können wir mit wenig Aufwand auch eigene statistische Interpretationen von Daten zusammenstellen, sei es mit den auf jedem PC vorhandenen Programmen zur Tabellenkalkulation oder direkt im Internet.[5]

Aber wir glauben, was wir *sehen*, auch wenn wir *wissen*, dass es nicht so ist oder sein kann. Das gilt für Zauberer genauso wie für Grafiken.

4.2 Interpolation und Extrapolation

Wer sich unter „Interpolation" die Tätigkeit der europäischen Polizei vorstellt, liegt falsch. Es ist die Ermittlung eines Zwischenwertes zwischen zwei bekannten Eckwerten. Eines ungenauen Zwischenwertes, den man aber beliebig verfeinern kann. Doch das ist meist nur der erste Schritt. Man will in der Regel aus mehreren Mess-

---

[5] Christoph Drösser: Zahlen für die Massen. ZEIT online 21.5.2008 (http://www.zeit.de/online/2008/21/statistik-internet-umsonst). Die „Do-it-yourself"-Statistikseite ist auf http://de.statista.com/.

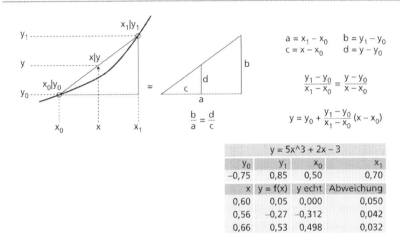

Abb. 4.8 Interpolation einer Kurve

punkten die gesamte mathematische Funktion ableiten, die sich diesen Punkten am besten annähert.

Diese Verfahren beherrschten schon die Mathematiker der Steinzeit. Denn wir hören Rudi sagen: „Wenn ich zwei halbwegs nahe beieinander liegende Punkte einer Kurve kenne, die einfach zu berechnen sind, dann kann ich doch einen Zwischenpunkt einigermaßen genau ermitteln, ohne die möglicherweise komplizierte Formel für die Funktion zu benutzen." „Aber sicher", bestätigte Eddi, „nehmen wir doch einmal die Kurve $y = 5x^3 + 2x - 3$. Wir kennen ihren Wert bei $x = 0,5$ und $0,7$ und suchen den Wert bei $0,6$ oder $0,56$. Wir tun so, als würden wir ihre Gleichung nicht kennen." „Oder du bist einfach zu faul, eine Zahl mit zwei Nachkommastellen zur dritten Potenz zu erheben…" Eddi überging die Beleidigung und begann zu zeichnen (Abb. 4.8). Er fuhr fort: „Also ziehen wir einfach eine Gerade zwischen den bekannten Punkten und bilden das Verhältnis der Strecken. Es ist ja offenkundig b zu a wie d zu c." „Das sehe ich auch", sagte Rudi, „und die vier Strecken sind Koordinatendifferenzen. Das Wort ist zwar furchteinflößend, aber wenn man deine Zeichnung betrachtet, ergibt sich ja eine ganz einfache Verhältnisgleichung." Eddi nickte: „Die brauchen wir jetzt nur ein wenig umzugraben, und schon haben wir das gesuchte y auf der linken Seite isoliert. Ich habe mal in einer kleinen Tabelle einige interpolierte Werte mit den echten verglichen – die Abweichung ist gar nicht so groß." „Und offensichtlich schneidet die Kurve irgendwo zwischen $x = 0,5$ und $0,7$ die x-Achse…" „Rudi, du bist mal wieder erstaunlich scharfsichtig."

„Extrapolation" ist im Prinzip dasselbe Verfahren und auch dieselbe Formel, nur dass der Punkt x|y außerhalb der bekannten Punkte $x_0|y_0$ und $x_1|y_1$ liegt. Also ermitteln wir nicht mit y_0 und y_1 den dazwischen liegenden Punkt y, sondern mit y_0 und y den außen liegenden Punkt y_1. „Prognosen sind schwierig, besonders für die Zukunft", das ist ein Satz, dem jeder zustimmen kann – mit Ausnahme von Siggi, der hier als „Seher" wenig Problem hat und notfalls eine Zeitreise unternehmen kann. Aber „Zukunftsforscher" haben es schwer: Auch der wissenschaftlich klingende Begriff „Futurologie" für ihre Tätigkeit täuscht nicht darüber hinweg, dass ihre Vorhersagen oft so zuverlässig sind wie Kaffeesatzlesen. Aber wir wollen nicht polemisieren, sondern nur auf das Verfahren der Extrapolation eingehen. Es wird allerdings dadurch undurchsichtig und damit gefährlich, weil oft exponentielle Verläufe damit behandelt werden. „Macht nichts!", sagt sich der geübte Mathematiker, „nehmen wir doch einfach einen logarithmischen Maßstab, dann bekommen wir eine schöne Gerade, die sich problemlos verlängern lässt."

4.3 Wenn die Zahlen selber lügen

Kommen wir am Ende des Kapitels noch einmal auf das ursprüngliche Thema zurück: falsche Deutungen. Da Paläontologen davon ausgehen, dass damals noch Vertrauen die Grundlage menschlichen Zusammenlebens war, können wir bewusste Täuschung ausschließen. Und da auch die führenden Mathematiker dieser Zeit – wie wir gleich sehen werden – von den Phänomenen verblüfft waren, kann auch kein Irrtum vorliegen. Es müssen die Zahlen *selbst* sein, die uns zum Narren halten. Doch schauen wir uns die Geschichten an.

Schon damals ging man mit Minderheiten – in diesem Fall mit geistig herausgeforderten Stammesmitgliedern – nicht gerade politisch korrekt um.[6] So gab es im Dorf den Spruch: „Wenn der Dorftrottel in die Nachbarsiedlung zieht, dann steigt die Denkfähigkeit in beiden Dörfern". Dass darin eine mathematische Wahrheit stecken könnte, das merkte Eddi, als die beiden Viehbesitzer zu ihm kamen. Otto und Jon (aus Ihnen bekannten Gründen Otti und Jonni gerufen) wollten miteinander ein kleines Geschäft machen. Eine Ziege sollte den Besitzer wechseln. Kein großer Deal, wie beide dachten. Aber einer der Dorfältesten (eine Art Landwirtschaftsminister) führte eine Statistik über die Milchleistung. Und deswegen wollte

---

[6] Der Ausdruck „behindert" („*handycapped*") ist zumindest in den USA politisch inkorrekt. Bei körperlichen Gebrechen nennt man es „*physically challenged*" („körperlich herausgefordert"), bei geistigen Defiziten „*mentally challenged*". In England denkt man noch weiter: wer *political correctness* (*pc*) ironisiert, ist selbst nicht *pc*. Man spricht hier sogar nicht von *mentally challenged persons*, sondern von *persons with special needs*. Pc kann auch zu Sprachverstümmelung führen, wie Diane Ravitch zeigt (Ravitch 2004): Ein klarer deutlicher Ausdruck wird zugunsten verschwommener Formulierungen geopfert, um keiner Interessensgruppe zu nahe zu treten.

Otti, der die Statistik anführte, eine Ziege an Jonni verkaufen, der in der Rangfolge hinter ihm lag. Das würde seine Statistik nur geringfügig verschlechtern, aber die von Jonni aufbessern. Da ja keine Ziege hinzugekommen war, mussten sich Verbesserung und Verschlechterung ja unterm Strich aufheben. Eddi sollte nun helfen, das Zahlenwerk zu aktualisieren. Die Ausgangslage war folgende (Eddi hatte die Namen der Ziegen, die er nicht kannte, durch Symbole Z_i ersetzt, um den Ganzen einen wissenschaftlichen Anstrich zu geben):

Milchleistung (l/Woche)		
Otti	Jonni	
Z_1 5,00	Z_1 4,50	
Z_2 6,50	Z_2 5,10	
Z_3 7,90	Z_3 5,70	
Z_4 9,60		
$\varnothing$ 7,25	$\varnothing$ 5,10	← Durchschnitt

„Welche Ziege willst du denn nun verkaufen?", fragte Eddi Otti. „Linda... äh, zett-zwei, die mit sechseinhalb Liter pro Woche." „Ja", bestätigte Jonni, „dann verschlechtert sich sein Durchschnitt nicht sehr, weil es ja nur die zweitschlechteste Milchleistung ist, und ich bekomme eine Superziege". „Gut", sagte Eddi, „dann können wir die neue Statistik hinschreiben. Ich taufe Ottis Z_2 um in Jonnis Z_4, damit wir wissen, worüber wir reden".

Milchleistung (l/Woche)		
Otti	Jonni	
Z_1 5,00	Z_1 4,50	
	Z_2 5,10	
Z_3 7,90	Z_3 5,70	
Z_4 9,60	Z_4 6,50	
$\varnothing$ 7,50	$\varnothing$ 5,45	← Durchschnitt

„Nanu?!", sagte Otti. „Hoppla!", sagte Jonni. „Na so was!", sagte Eddi, „*Beide Durchschnitte sind gestiegen. Haben wir falsch gerechnet?*" „Sieht nicht so aus", meinte Jonni und grinste, „Wenn deine Statistik durch den Verkauf *auch* besser wird, dann kann ich dir natürlich nicht so viel für die Ziege zahlen, wie du verlangst... Im Grunde könntest du sie mir schenken und müsstest mir noch dankbar sein!" „Denke lieber an die Außenwirkung", konterte Otti, „wir sind beide im

Produktivitätssteigerungsprojekt des Stammes. Unsere Wirtschaft muss wachsen, damit wir wettbewerbsfähig bleiben. Diese schönen Zahlen kommen uns gerade recht! Wir haben beide unseren Durchschnitt verbessert, ohne dass nur eine Ziege einen Milliliter mehr gegeben hätte. Das müssen wir unserem Pressesprecher sagen!" Eddi rechnete noch einmal nach, fand zahlenmäßig alles in Ordnung, schüttelte den Kopf und wollte das Problem gerade vertagen, um in Ruhe darüber nachzudenken, als schon das zweite Phänomen am Horizont auftauchte.[7]

Es erschien in der Gestalt Siggis auf dem Rückweg von einem Druidenkongress. Es war das erste Mal, dass Eddi den Druiden und Seher ratlos sah. Sein weißer Haarkranz stand seitlich vom Kopf ab und sein Bart zitterte, als er seine Geschichte erzählte: „Du weißt ja, dass ich Vergiftungen durch altes Fleisch seit jeher mit den Samen der Brechnuss behandele. Ein esoterischer Heiler – ein gewisser Paulus Psychodelus – aus einem anderen Stamm schwört dagegen auf die Rinde des Kotzbaums, der in seiner Nähe wächst. Da wir nun möglichst eine Vereinheitlichung der medizinischen Versorgung haben wollen, hat der Oberdruide eine Versuchsreihe angeordnet und ihre Ergebnisse jetzt veröffentlicht. Da er keinen so begabten Mathematiker in seinem Stamm hatte, hat er aufgrund des Gesamtergebnisses den Paulus mit seiner neumodischen Methode – dass ich nicht lache:

---

[7] Dies war das „Will-Rogers-Phänomen" (auch «stage migration effects» genannt, siehe http://de.wikipedia.org/wiki/Will-Rogers-Phänomen). Der US-amerikanische Komiker Will Rogers (1879–1935) soll den Scherz gemacht haben: „Als die Einwohner von Oklahoma nach Kalifornien umzogen, hoben sie die durchschnittliche Intelligenz in beiden Staaten an." Peter Kleist schreibt dazu: „Zur Zeit der Wirtschaftskrise in den 1930er Jahren wanderten viele Einwohner Oklahomas (die sog. „Okies") nach Kalifornien aus. Rogers, selber 1879 in Oklahoma geboren, hielt wenig von den Auswanderern, aber noch weniger von den Kaliforniern, und ihm wird der folgende Ausspruch zugeschrieben: „When the Okies left Oklahoma and moved to California, they raised the average intellectual level in both states."" (Quelle: Peter Kleist: Vier Effekte, Phänomene und Paradoxe in der Medizin – Ihre Relevanz und ihre historischen Wurzeln. Quelle: www.medicalforum.ch/pdf/ pdf_d/2006/2006-46/2006-46-194.pdf). Als Mediziner zieht er den Schluss: „Die Prognose eines Patienten kann sich verbessern, ohne dass sich an seinem Gesundheitszustand oder seinen Messwerten irgendetwas geändert hat. [...] Durch neue Diagnoseverfahren wird ein Teil der Patienten in einer neueren Testgruppe jeweils einem höheren Erkrankungsstadium zugeordnet, als dies in der älteren Gruppe der Fall war. Als Folge davon verbessert sich die Prognose sowohl in den unteren Krankheitsstadien (weil die Patienten mit einer schlechteren Prognose in das nächsthöhere migrierten) als auch die im fortgeschrittenen Stadium (weil die hochgestuften Patienten eine durchschnittlich bessere Prognose als diejenigen Patienten aufwiesen, die diesem Stadium vorher zugeordnet worden waren)." (Text leicht modifiziert). Wir können Eddi helfen, denn im Grunde genommen ist die Erklärung sehr einfach: Otti verliert eine Ziege mit (für ihn) unterdurchschnittlicher Milchproduktion, deswegen steigt sein Durchschnitt an. Jonni bekommt eine Ziege mit (für ihn) überdurchschnittlicher Milchproduktion, deswegen steigt *sein* Durchschnitt an.

trockene Rinde! – zum Sieger erklärt. Ich habe eine Kopie der Kuhhaut hier dabei… Schau' dir das an! Eine Frechheit! Daraus geht angeblich hervor, dass seine
Methode wirksamer ist."

Behandlung mit	Brechnuss	Kotzbaum
Anzahl	130	130
Unwirksam	70	60
Wirksam	60	70
Wirksam %	46	54

Eddi schaute die Tabelle an und sagte: „Tja, mein Lieber, damit musst du dich wohl
abfinden. 46 % für dich und 54 % für ihn – das ist doch ein eindeutiger Beweis!
Was regst du dich also auf?!" Siggi beruhigte sich nicht: „Paulus hat die Wahrheit
verdreht, und der Oberdruide hat es nicht gemerkt. Ich allerdings auch nicht. Ich
habe meine und seine Messungen verglichen. Meine Zahlen sind dieselben, aber
ganz anders." „Du sprichst in Rätseln… zeig doch mal her!"

Behandlung mit	Test Spökenkieker		Test Psychodelus	
	Brechnuss	Kotzbaum	Brechnuss	Kotzbaum
Anzahl	25	105	105	25
Unwirksam	7	42	63	18
Wirksam	18	63	42	7
Wirksam %	72	60	40	28

„Aber es sind doch dieselben Zahlen, bloß summiert! 25 + 105 sind jeweils 130.
Brechnuss ist bei mir 18 mal und bei ihm 42 mal wirksam, zusammen 60 mal. Ich
gewinne mit 72 % in meinem Test und mit 40 % in seinem. Kein Rechenfehler,
keine Manipulation, bloß eine simple Summierung. Das ist doch paradox!" „Dann
nennen wir es doch das „Spökenkieker-Paradoxon".[8] Darüber muss ich auch erst
einmal nachdenken. Mann, was ich so am Hals habe!"

---

[8] Jahrtausende später wurde es in das „Simpson-Paradoxon" umbenannt, das zuerst 1951
von dem britischen Statistiker Edward Hugh Simpson untersucht wurde (siehe http://de.wi-
kipedia.org/wiki/Simpson-Paradoxon). Peter Kleist (siehe vorige Anm.) schreibt dazu: „…
dies allerdings zu unrecht, denn schon lange zuvor hatten der britische Mathematiker Karl
Pearson (1899) und der schottische Statistiker George Udny Yule (1903) bereits auf dieses
statistische Problem aufmerksam gemacht". Geschichte frei nach Elke Warmuth, Stephan
Lange: Materialien zum Kurs „Keine Angst vor Stochastik – Teil 1" vom 12.06.2007 aus
„Mathematik Anders Machen" – Eine Initiative zur Lehrerfortbildung der Deutschen Tele-
kom Stiftung (http://www.mathematik-anders-machen.de/index2.html). Quelle: www.schu-
le-interaktiv.de/mathematik-anders-machen/…/download.pdf. Dort steht auch: „Eines der

Wir haben also gesehen, dass man schon in der Steinzeit nicht nur richtig, sondern auch falsch rechnen konnte, ohne es zu wollen. Diese Möglichkeiten wurden erst im 20. Jahrhundert wiederentdeckt und haben für die gleiche Verblüffung gesorgt. Aber sie zu kennen heißt noch lange nicht, sie auch immer zu beachten. In wie vielen „harten Statistiken" mögen wohl solche Fehler stecken?

---

bekanntesten Beispiele für das simpsonsche Paradoxon geht auf eine Diskriminierungsklage gegen die Universität von Kalifornien in Berkeley zurück. Es wurde darauf verwiesen, dass im Herbst 1973 die Aufnahmequote für Frauen im Schnitt niedriger lag als die für Männer. Aber bei genauerem Hinsehen entpuppte sich der Vorwurf als grundlos und es stellte sich heraus, dass die Frauen bevorzugt solche Fächer wählten, die geringe Aufnahmequoten hatten. Männer hingegen wählten überwiegend die weniger überlaufenen Fächer mit hohen Aufnahmequoten."

Neben der Gleichung ist die Funktion ein weiterer Granitpfeiler der Mathematik. Das „kartesische Koordinatensystem" ist ihr Ausgangspunkt. *Cartesius* ist nichts anderes als der latinisierte Name des französischen Mathematikers René Descartes, der dieses Konzept bekannt gemacht hat. Ein Multitalent, Mathematiker und Physiker, Philosoph und Erkenntnistheoretiker. „Ich denke, also bin ich" ist sein berühmter Ausspruch. Er betrachtete die Mathematik als die Grundstruktur der Ordnung der Dinge.

Die einfachste Funktion ist eine zweidimensionale Abhängigkeit, die sich in der Ebene der kartesischen Koordinaten darstellen lässt: $y = f(x)$, das heißt: y ist eine Funktion von x. Ändere ich x, ändert sich y. Die Wertepaare $x_i | y_i$ beschreiben eine Kurve in der Ebene. Im Raum ergibt sich eine Kurve durch die Wertetripel $x_i | y_i | z_i$ aus der Funktion $z = f(x,y)$ – hier gibt es also zwei unabhängige Variablen x und y. Leider versagt unsere Vorstellungskraft bei einer Funktion $f(x,y,z)$ mit drei unabhängigen Variablen, vor der die Theorie natürlich nicht Halt macht.

Doch schon in der zweidimensionalen Ebene entfaltet die Funktion ihren Reiz, denn die Abhängigkeit $y = f(x)$ kann ja über einfache Polynome $\Sigma a_k x^k$ weit hinausgehen. Funktionen wie $y = 1/x$ oder $y = e^x$ sind auch noch einfache Beispiele dafür. Die Analytiker (die sich mit „Funktionentheorie" beschäftigen) suchen oft nach Besonderheiten im Funktionsverlauf, z. B. ihre Schnittpunkte mit der x-Achse (die „Nullstellen") oder „Maxima" und „Minima", also den größtmöglichen und kleinstmöglichen y-Wert. Was natürlich nur Sinn macht, wenn diese von $+\infty$ bzw. $-\infty$ verschieden sind. Ein Beispiel: $y = x^2$ hat ein solches Minimum, das gleichzeitig seine einzige Nullstelle ist. Wo das liegt? Na, das sagt schon der Name: bei $x = 0$. Im Falle $y = 2,5\,x^3 - 7x - 4\,\sqrt{x}$ (eine Funktion, die ich soeben erfunden habe)

© Springer Fachmedien Wiesbaden 2015
J. Beetz, *Funktionen für Höhlenmenschen und andere Anfänger*, essentials,
DOI 10.1007/978-3-658-06686-4_5

ist das schon etwas schwieriger. Rechnet man ein wenig herum (im Zeitalter der Computer ja keine Schwierigkeit), dann findet man im Intervall zwischen $x = 0$ und $x = 2$ zwei Nullstellen und ein schönes Minimum.

Eine letzte Anmerkung: Wie man in Abb. 2.5 sieht, kann man einen in Punkt auf dem Kreis (und überall sonst in der Ebene) nicht nur durch das Paar x|y festlegen, sondern auch durch den Winkel α und den Radius r (die Entfernung vom Nullpunkt). Dies nennt man „Polarkoordinaten".

Im zweiten Teil (Kap. 3) war das Thema „Natürliches Wachsen und Schrumpfen". Die „Natur" (für einen Mathematiker ein sträflich undefinierter Begriff) besteht aus zeitlichen und meistens nichtlinearen Verläufen. Selten produziert die doppelte Zeit auch eine Verdopplung irgendwelcher Größen. Manchmal *scheint* es so, und man muss genauer hinschauen, um dann doch den Verlauf einer e-Funktion zu erkennen, der anfangs in gewissen Meßungenauigkeiten durchaus linear aussieht. Aber das „e", die Eulersche Zahl, heißt nicht umsonst die Zahl des „natürlichen Wachstums", sozusagen der „stetigen Verzinsung". Die verstrichene Zeit tritt im Exponenten der „Exponentialfunktion" (daher der Name) mit einer individuellen Konstante auf und kann dort – genügend große Werte vorausgesetzt – dramatische Zuwächse (oder ihr Gegenteil) auslösen. „Exponentielles Wachstum" nennt man das, und viele wundern sich, warum sie es so spät (oft *zu* spät) bemerkt haben.

Die Zeit t tritt auch in Zerfalls- und Sättigungsprozessen auf – noch dazu mit negativem Vorzeichen. Denn eine „negative Zeit" kann man sich ja eigentlich nicht so richtig vorstellen, da sie doch eine gerichtete Größe ist – sie nimmt immer nur zu. Aber das bedeutet ja nur, dass aus dem Ausdruck e^{-t} der Kehrwert $1/e^t$ wird. Und obwohl Zerfall und Sättigung zwei gegensätzliche Prozesse sind, gehorchen sie doch demselben Gesetz (und das ist sogar noch logisch, da sie sich nur durch das Vorzeichen unterscheiden). Wenn also demnächst bei Ihnen der Putz von den Wänden bröckelt und den beginnenden Zerfall Ihrer Wohnung ankündigt, werden Sie auf mathematischer Grundlage sagen: „O! Eine negative Sättigung!"

Im letzten Teil beschäftigten wir uns mit Grafiken und ihrer Interpretation. Eine einfache Volksweisheit lautet bekanntlich: „Ein Bild sagt mehr als 1000 Worte" – aber es sagt auch oft etwas Falsches.[1] Fallen Sie nicht darauf herein, sondern schauen Sie genau hin! Auch „nackte" Zahlen können in die Irre führen. Ebenfalls müssen Interpolationen und Extrapolationen mit Verstand und Augenmaß vorgenommen werden. „Ausreißer", die ihren Charakter nicht immer sofort offenbaren, können vermutete Zusammenhänge und Verläufe zusätzlich verfälschen. Ohne moralisch zu werden: Einfaches Rechnen reicht nicht, man muss auch dabei

---

[1] Eine umfassende und ausführliche Darstellung dieses Themas mit zahlreichen aktuellen Beispielen finden Sie in Bosbach und Korff 2011.

nachdenken. Mathematik ist eine scharfe Waffe und muss mit gleicher Sorgfalt ge-
handhabt werden wie ein Sarazenen-Schwert oder ein japanisches Haiku-Messer.
Auf der anderen Seite muss man feststellen, dass insbesondere in den heutigen
Zeiten des Computers mit seiner gigantischen Rechenkraft graphische Darstellungen enorme Bedeutung erlangt haben. Große Datenmengen („*big data*") können
oft nicht anders analysiert werden, als sie zwei- oder dreidimensional (ggf. noch
eingefärbt) auf den Schirm zu bringen und mit kreativer Intelligenz zu betrachten.[2]

---

[2] Siehe dazu Sascha Mertens: Formeln zum Leben erwecken. ChemieOnline 30.11.2006
(http://www.chemieonline.de/bibliothek/details.php?id=2258).

Was Sie aus diesem Essential mitnehmen können

In dieser Einführung in die Grundlagen der Mathematik jenseits der einfachsten Zahlen und Gleichungen haben Sie (verpackt in Geschichten und Dialoge aus der Steinzeit)…

* Die Grundlagen der Darstellung von Abhängigkeiten („Funktionen") im „kartesischen Koordinatensystem" kennen gelernt
* Die Beschreibung geometrischer Figuren als Funktionen gesehen
* Den Nutzen von Darstellung von Zeitabhängigkeiten erkannt
* Beispiele für Funktionen (spez. die „Exponentialfunktion" und den „Sinus" und seine Verwandten) gesehen
* Die Interpretation von Aussagen in Funktionsdiagrammen, aber auch in Zahlentabellen zu hinterfragen gelernt

© Springer Fachmedien Wiesbaden 2015
J. Beetz, *Funktionen für Höhlenmenschen und andere Anfänger,* essentials,
DOI 10.1007/978-3-658-06686-4

Anmerkungen

Für weiterführende Informationen kann mit passenden Stichwörtern im Internet in Suchmaschinen wie *Google*®, in Ausbildungsportalen wie *Khan Academy*® oder Enzyklopädien wie *Wikipedia*® gesucht werden (aber auch z. B. in „Matroids Matheplanet" http://matheplanet.com/). In *Wikipedia* sind Begriffe oft zur Unterscheidung verschiedener Sachgebiete mit dem Zusatz „(Mathematik)" gekennzeichnet. An dieser Stelle passt auch ein Zitat über das Zitieren:

> Bei dem, was ich mir ausborge, achte man darauf, ob ich zu wählen wusste, was meinen Gedanken ins Licht rückt. Denn ich lasse andere das sagen, was ich nicht so gut zu sagen vermag, manchmal aus Schwäche meiner Sprache, manchmal aus Schwäche meines Verstandes. Ich zähle meine Anleihen nicht, ich wäge sie. Und hätte ich eine Ehre im Zitatenreichtum gesucht, so hätte ich mir zweimal soviel aufladen können.
>
> Michel de Montaigne, Essais II, 10 (Über die Bücher)

© Springer Fachmedien Wiesbaden 2015
J. Beetz, *Funktionen für Höhlenmenschen und andere Anfänger*, essentials,
DOI 10.1007/978-3-658-06686-4

Literatur

Beetz J (2012) 1 + 1 = 10. Mathematik für Höhlenmenschen. Springer, Heidelberg

Beetz J (2014) Algebra für Höhlenmenschen und andere Anfänger. Eine Einführung in die Grundlagen der Mathematik. Springer, Heidelberg

Bosbach G, Korff JJ (2011) Lügen mit Zahlen. Wie wir mit Statistiken manipuliert werden. Heyne, München

Ravitch D (2004) The language police: how pressure groups restrict what students learn. Vintage Books, New York

Tufte E R (2001) The visual display of quantitative information. Graphics Press, Cheshire (Connecticut)

© Springer Fachmedien Wiesbaden 2015
J. Beetz, *Funktionen für Höhlenmenschen und andere Anfänger,* essentials,
DOI 10.1007/978-3-658-06686-4